U0160659

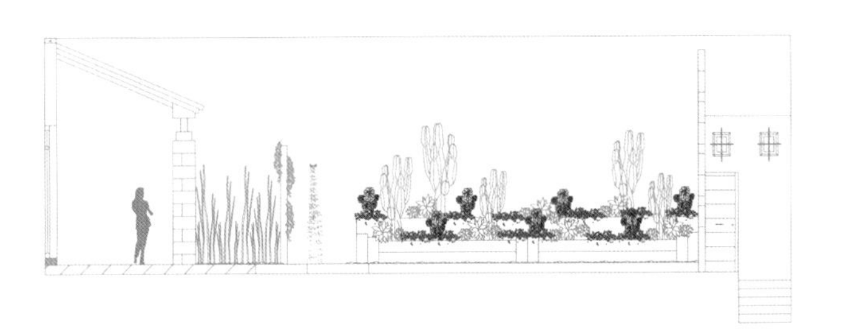

GLOBAL COURTYARD

APPRECIATION OF SPACE DESIGN

# 全球庭院

## 「空间设计鉴赏」

[西]玛卡蕾娜·阿巴斯卡（Macarena Abascal）著

徐阳 译

中国水利水电出版社

www.waterpub.com.cn

·北京·

## 内容提要

从古至今，花园都是城市重要的组成部分，是重现自然的一种方式，让绿色近在咫尺，让我们品味自然、欣赏美景、体验四季变换。本书精选世界各地景观设计师和建筑师倾心打造的小型庭院设计项目，这些项目大部分位于城市，展示了即便空间有限也不妨碍在家中感受自然的理念。露台、庭院、室内花园、垂直花园，展示形式丰富多彩。每一个项目都满足了主人的特定需求，注入了独有的个性，同时有一条主线贯穿全书：设计均以尊重自然规律、保护环境为宗旨。

北京市版权局著作权合同登记号：图字01-2018-8185号

Original title: *Small Home Gardens*



图书在版编目（CIP）数据

全球庭院空间设计鉴赏 / (西) 玛卡蕾娜·阿巴斯卡著 ; 徐阳译. -- 北京 : 中国水利水电出版社, 2021.4
（庭要素）
书名原文: Small Home Gardens
ISBN 978-7-5170-9511-8

Ⅰ. ①全… Ⅱ. ①玛… ②徐… Ⅲ. ①庭院—园林设计—作品集—世界—现代 Ⅳ. ①TU986.2

中国版本图书馆CIP数据核字(2021)第053553号

策划编辑：庄晨　　责任编辑：白璐　　封面设计：梁燕

---

庭要素
书　　名　全球庭院空间设计鉴赏
　　　　　QUANQIU TINGYUAN KONGJIAN SHEJI JIANSHANG
作　　者　[西]玛卡蕾娜·阿巴斯卡（Macarena Abascal）著　徐阳 译
出版发行　中国水利水电出版社
　　　　　（北京市海淀区玉渊潭南路1号D座 100038）
　　　　　网　址：www.waterpub.com.cn
　　　　　E-mail：mchannel@263.net（万水）
　　　　　　　　　sales@waterpub.com.cn
　　　　　电　话：（010）68367658（营销中心）、82562819（万水）
经　　售　全国各地新华书店和相关出版物销售网点
排　　版　北京万水电子信息有限公司
印　　刷　天津联城印刷有限公司
规　　格　210mm×285mm　16开本　21印张　323千字
版　　次　2021年4月第1版　2021年4月第1次印刷
定　　价　88.00元

---

从古至今，花园都是城市的重要组成部分，是重现自然的一种方式，让绿色近在咫尺，让我们品味自然、欣赏美景、体验四季变换。

花园有许多看似微不足道的妙处。它们能够美化家庭环境，为家中注入生命和色彩，带给我们愉悦感官的色泽、芬芳和声响。它们在提高城市生活质量、促进身心健康方面也扮演着重要的角色。在城市空间中亲近自然，让我们可以暂时远离尘嚣，沉浸在绿色的世界中，接近万物本源，获取片刻休闲与宁静。不仅如此，花园还是我们室内居家空间的延伸，已然融入我们的日常生活。花园是家中特别的起居空间，是一片可以与朋友探讨问题、与家人聚会玩乐或惬意聆听自然之声的地方。为了这些目的而建造的花园，通常会尽可能减少内外空间的障碍，确保室内与户外合二为一。

当下大量兴起的城市花园及其用地划拨表明，已经有越来越多的人意识到，为了确保城市的可持续发展，我们需要大量的绿色空间。营造绿色空间有助于保护环境：它能够为植物、昆虫、鸟类和鱼类等各种生命提供栖息地，维持空间湿度，改善所在环境的微气候。与此同时，植物可以吸收二氧化碳，并将其转化成氧气。

本书精选世界各地景观设计师和建筑师的小型家庭花园设计项目，这些项目大部分位于城市，向我们展示：即便空间有限，也不妨碍我们在家中享受一小片绿洲。露台、庭院、室内花园、垂直花园，展示了丰富多彩的花园形式。每一个项目都满足了主人的特定需求，注入了独有的个性，同时有一条贯穿全书的主线：实现尊重自然规律、保护环境的设计。

这些项目还能够激发创意灵感、提供实用建议，可用于花园规划，露台、庭院、室内花园、垂直花园或屋顶花园均可尝试。这些好的设计和创意可以启发你高效利用空间，在实现不同功用的同时充分借助植物的观赏价值，助你打造独特的休闲空间，尽享自然之趣。

# 城市在你脚下

## （THE CITY AT YOUR FEET）

西班牙马德里

**景观设计：**景观设计家——有灵魂的花园（La Paisajista-Jardines con alma）
**摄影：** © Zeta Infografias

经过改造后，这片坐拥马德里城市美景的大露台更加完善了。在现代设计和直线运用的衬托下，水景自然而然地成了主角，如此设计一举两得：酷暑之时，水景能够带来一丝清凉，唤醒人对自然的感知，让人放松身心，暂时忘却自己置身于城市中心。地面铺设尤为引人注目：带背光的铺路石切入木地板，栽种生长迅速、无需频繁浇水的地被植物过江藤。

为营造空间感，大片木板呈斜线式铺设。修剪整齐的树篱和树木体现出重复感，打造连贯性，将露台的不同区域统一起来。

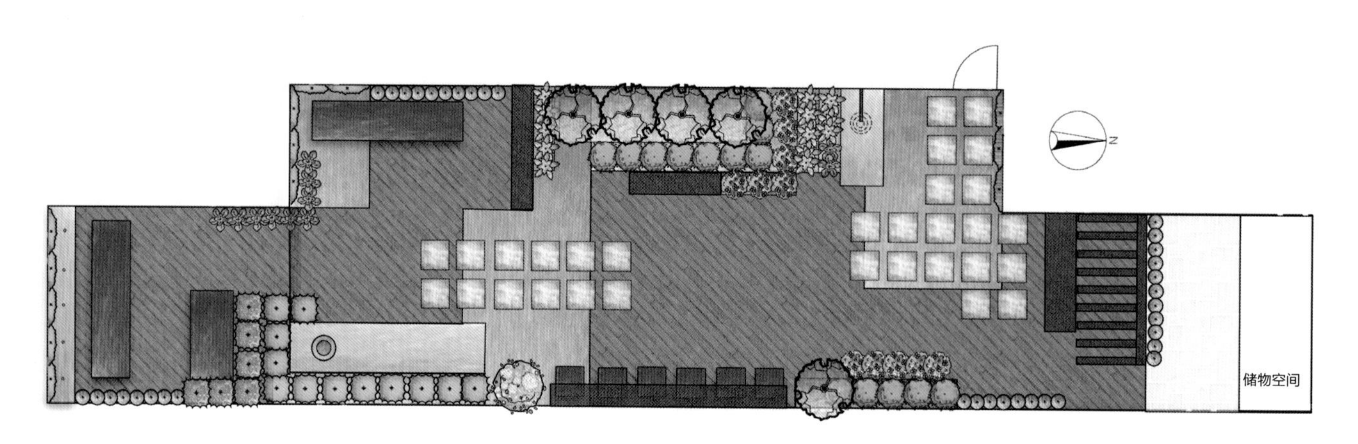


平面图

灯光设计烘托私密空间，充满魔力，非常适合夏夜消暑。

# 切尔西露台

（CHELSEA TERRACES）

美国纽约

景观设计：Gunn景观设计（Gunn Landscape Architecture）
摄影：© 彼得·默多克（Peter Murdock）

这座阁楼有南北两个露台，两片区域各有妙用。打造这些优雅的“户外起居区域”，将空间利用实现最大化，为多样化休闲娱乐活动提供可能。朝北的露台适宜用餐、放松身心，栽种乔木、灌木和攀缘植物，配有各式种植容器，充满自然意趣，一张舒适的长凳和其他家具将用餐空间与起居空间分隔开来。而宁静的南露台则可以进行户外烹饪，那里设有一片混合空间：书房附近的座椅区、水景和厨房区。

两个露台周围都环绕着按一定尺寸打造的花槽，其中栽满乔木和灌木。这些植物营造了一片私密空间，却不会遮挡外部的建筑景观。

花槽、固定座椅和格子架都使用了强度与耐磨性俱佳的重蚁木。

# 优雅户外

（THE ELEGANT OUTDOORS）

英国伦敦

**景观设计：**斯特凡诺 · 马里纳兹景观设计（Stefano Marinaz Landscape Architecture）

**摄影：**© 斯特凡诺 · 马里纳兹（Stefano Marinaz）

一棵长势较佳的无花果树主导着这个庭院，它不仅提供了夏日阴凉，还以不对称形态划分了这片空间。院中两面墙装有交错式垂直木壁板结构，其灵感源自无花果树冬日秃枝干的形状，有利于花园采光，而另一面围墙则爬满了散发着清香的素馨花。一组漂亮的陶瓦种植容器正对无花果树，摆在线形的素馨花墙前，形成间隔，还有一些大花盆随意地摆在院中，凸显整体的不对称设计。

低矮的座椅、桌子和暖炉让这个小露台成为全年皆可享用的舒适空间。

透视图

在交错式垂直木壁板前有一片花圃，其中栽种着常绿树和球根植物等各类植物，一年四季都会展现出丰富的色彩组合，芬芳满庭。

# BINH宅

（BINH HOUSE）

越南胡志明市

**建筑设计：** VTN建筑事务所［VTN Architects (Vo Trong Nghia Architects)］
**摄影：** © Hiroyuki Oki、Quang Dam

近年来，随着越南的迅速发展，其都市空间与大自然的联系正在逐渐减弱。而这一项目正是在高密度人口区打造了一片绿色空间。这栋房子每层顶部的花园都栽有成荫的树木，可以有效降低室温。这一设计还为主人提供了栽培日常食用蔬菜的空间。此外，通往户外花园的滑动玻璃门不仅能够凭借自然通风和采光改善室内微气候，还能增强家庭成员的联系和互动。

就这栋房子而言，建筑既是联系人与人的纽带，
也是联系人与自然的纽带。

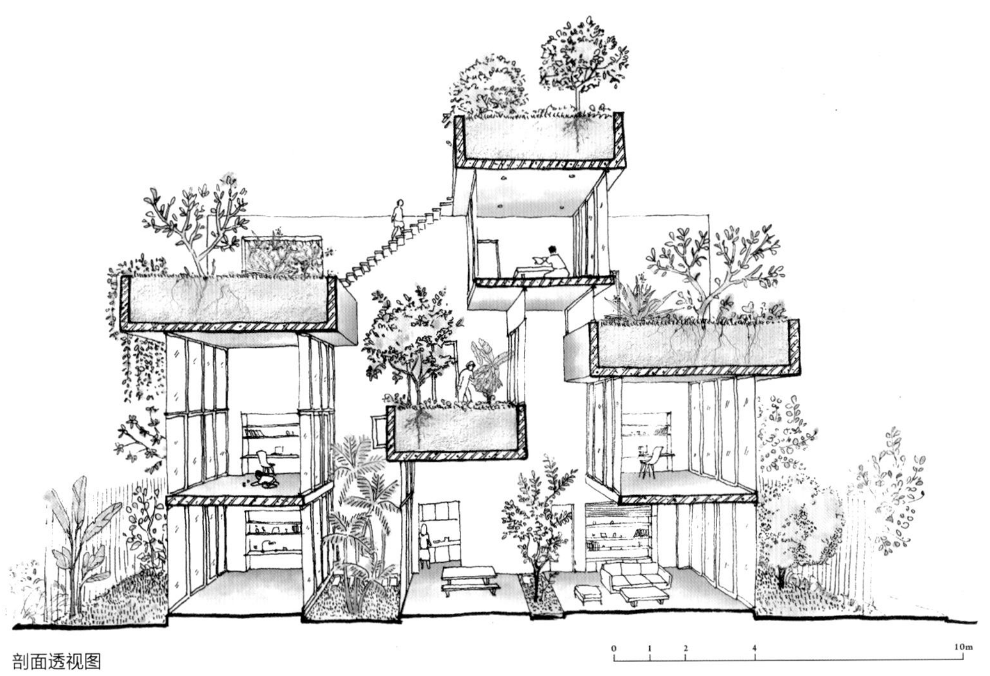


剖面透视图

厨房、卫生间、楼梯和走廊等服务性区域均位于建筑西侧，让频繁使用的区域尽可能减少日晒。

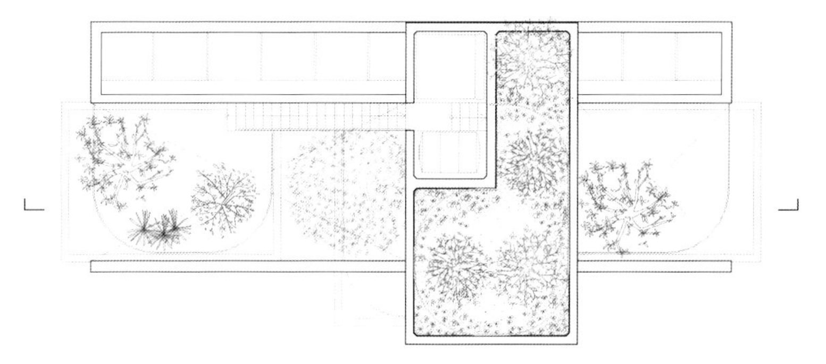

屋顶平面图

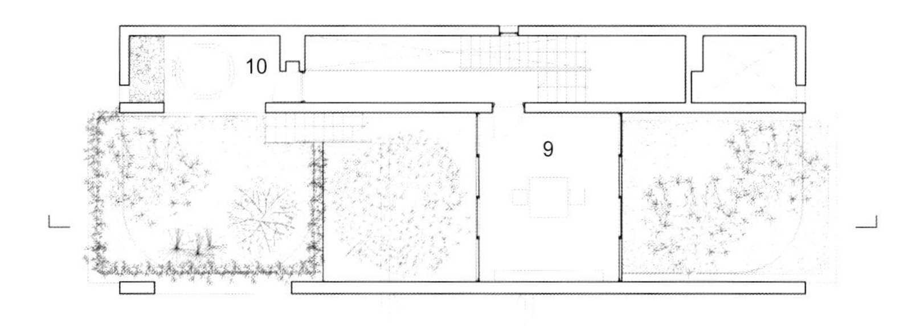


三层平面图

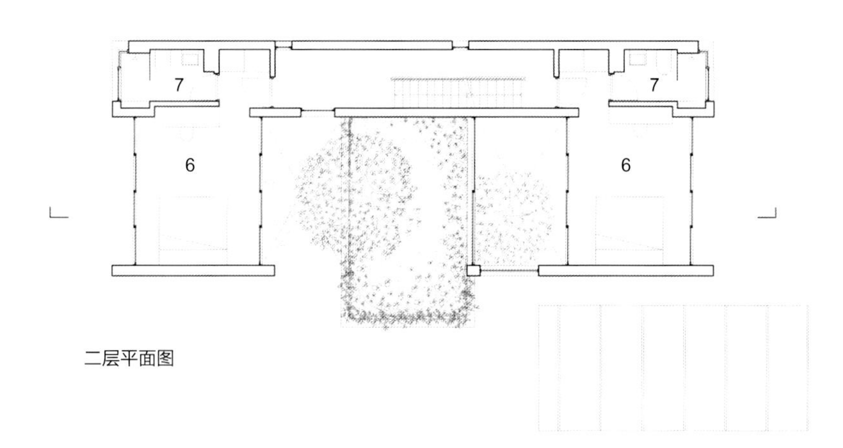


二层平面图

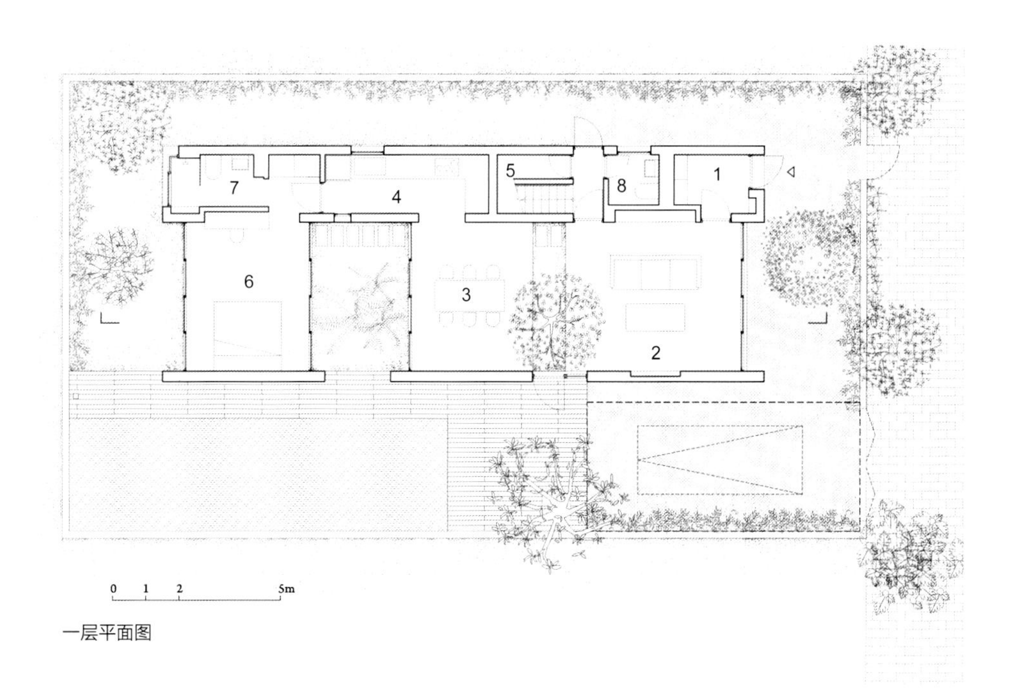


一层平面图

1. 入口
2. 起居室
3. 餐厅
4. 厨房
5. 储物室
6. 卧室
7. 卫生间
8. 盥洗室
9. 书房
10. 按摩浴缸

这栋房子使用了天然石材、木材和清水混凝土，加之微气候调节，极大地降低了日常运营维护成本。

这片空间具有连贯性，视线可以从屋子内延伸到花园。

# 现代风小花园

（SMALL MODERN GARDEN）

英国伦敦汉普斯特德

**景观设计：** 彼得 · 里德景观设计（Peter Reader Landscapes）
**摄影：** © 彼得 · 里德（Peter Reader）

客户希望在彻底翻修花园的同时保持空旷感，增加采光，并为之注入明快、现代而迷人的气息。新布局空间明快、现代而开放，通过分层、分区凸显意趣，空间感也随之增强。精挑细选的植物柔化了结构元素的坚硬感。翻修后的花园看起来十分迷人，有足够的空间放松身心，无论白天还是夜晚，都可以与亲朋在室外聚餐，共度美好时光。

花园最高层的空间分为地面铺设、花圃、中心草坪和座椅区四大部分，翻修工程力求在不破坏空旷感的前提下为空间增添意趣。

横木篱墙增强了花园的空间感。座椅区背靠木篱墙，墙体界定空间，颇有意趣。

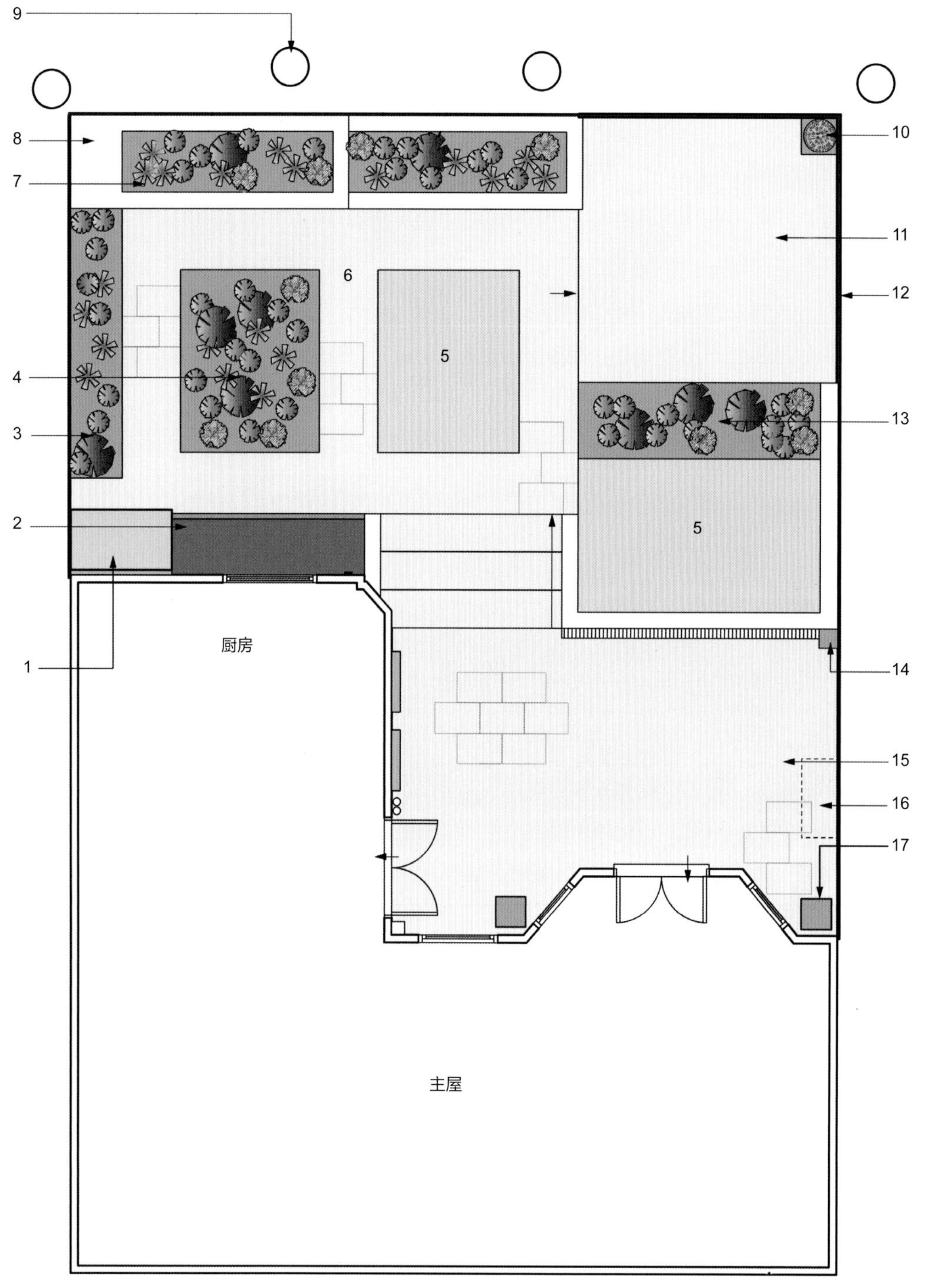


平面图

1. 覆有横木条的翻修过的工具棚
2. 下沉式储物室木盖
3. 混栽的灌木、多年生草本植物和攀缘植物，让绿色布满木篱墙
4. 栽有灌木、多年生草本和攀缘植物的种植圃，让绿色铺满木篱墙
5. 人工草坪
6. 含两片对称花圃和小径的地面铺设区域
7. 花台x2，栽有灌木、攀缘植物和多年生草本植物，全年皆有看点
8. 小雕塑空间
9. 原有椴树x4
10. 攀缘植物
11. 地面抬高的座椅区，地面铺设材料与露台和边缘相匹配
12. 围绕座椅区的横木篱栅
13. 种植圃，阳光较好的一端栽种香草，栅栏附近混栽不同植物，另栽有耐阴攀缘植物
14. 为耐阴植物准备的种植穴
15. 砖块顺砌的露台
16. 烧烤空间
17. 栽有造型黄杨的种植盆

人工草坪是客户明确要求的，便于日常维护，也省去了贮存割草机的空间。

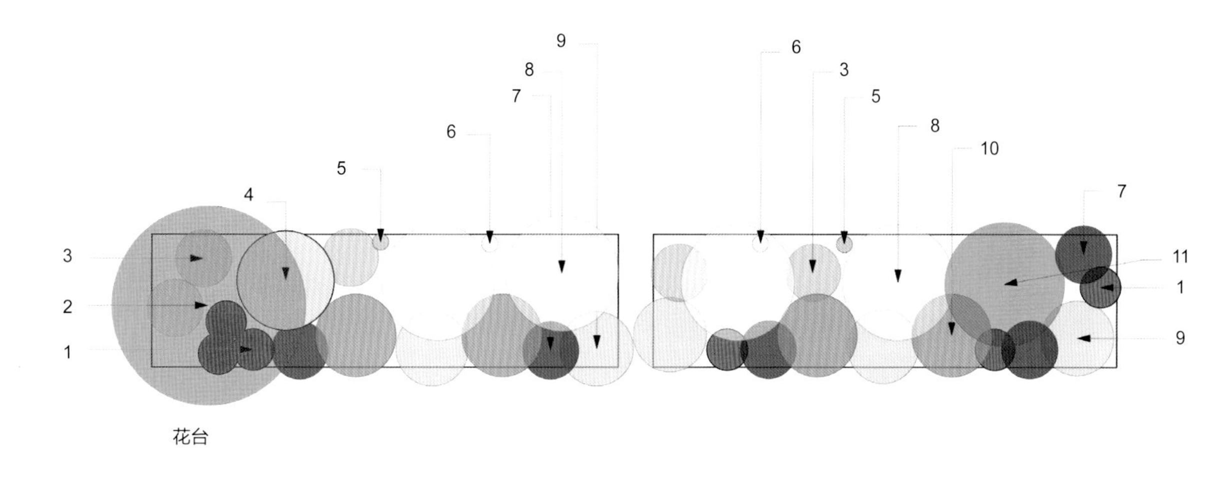


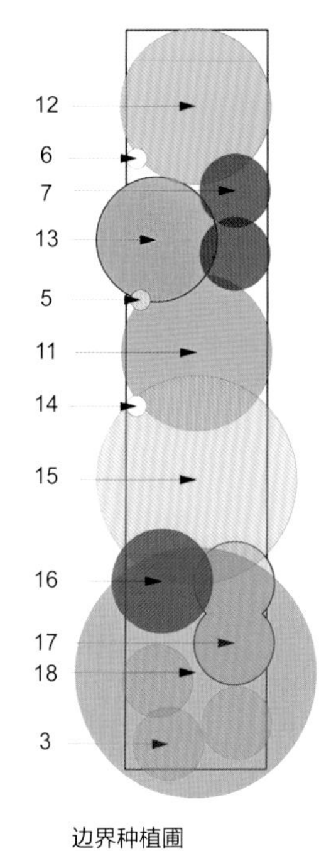


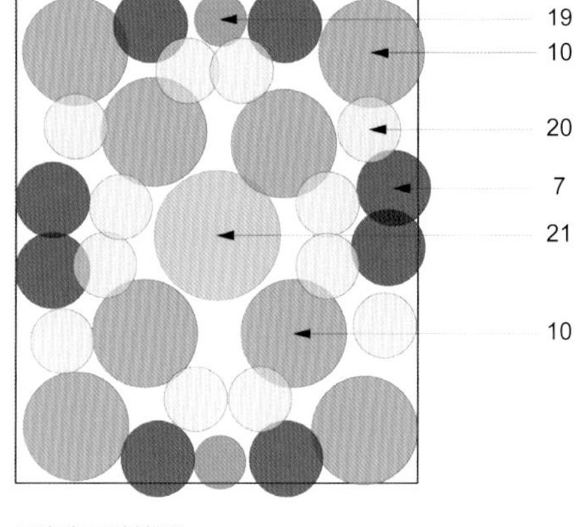


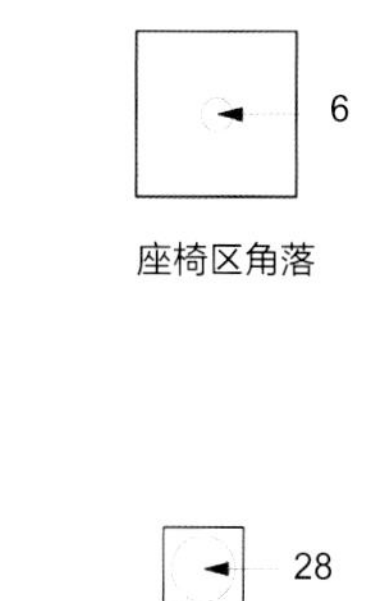


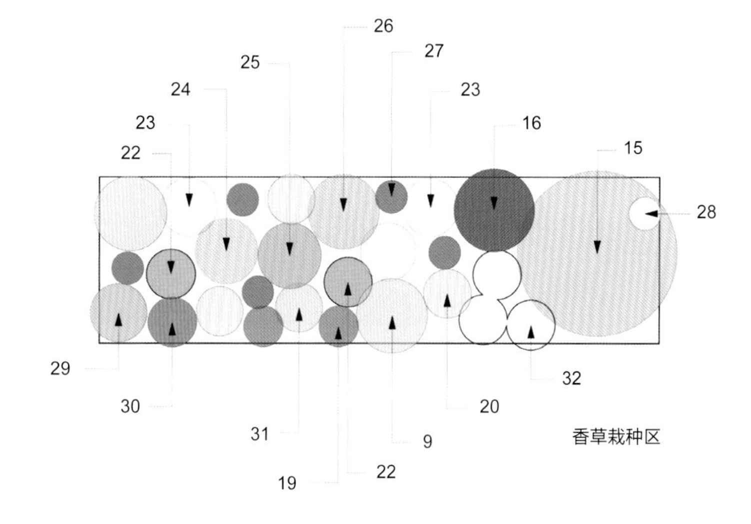


1.“莉拉菲”淫羊藿
2.“血红”鸡爪槭
3. 欧洲鳞毛蕨
4. 川西荚蒾
5.“查尔斯王子”铁线莲
6. 络石
7.“宫廷紫”长柔毛矾根
8.“安娜贝尔”绣球
9.“罗珊”老鹳草
10. 锦熟黄杨
11.“波普尔女士”倒挂金钟
12.“伊芙·普赖斯”地中海荚蒾
13. 红盖鳞毛蕨
14.“晚花”香忍冬
15.“阿兹台克珍珠”墨西哥橘
16. 美丽野扇花
17. 柔毛羽衣草
18.“红灯笼”鸡爪槭
19.“繁星”巴夏风铃草
20.“野天鹅”欧银莲
21.“嘉美蒂”海桐
22.“赫恩豪森” 亮叶牛至
23.“海德布劳特”蓝沼草
24. 迷迭香亚种
25. 巴格旦鼠尾草
26. 迷迭香
27.“棒棒糖”柳叶马鞭草
28. 藤绣球
29.“布雷辛厄姆”百里香，粉色
30. 细香葱
31.“紫芽”药用鼠尾草
32.“紫叶”扁桃叶大戟

# 精巧花园

（ARTFUL GARDEN）

澳大利亚珀斯（西澳大利亚）

**景观设计：**栽培艺术（Cultivart）—雅妮娜·芒代尔（Janine Mendel）
**摄影：**© 佩塔·诺斯（Peta North）

这套地面层公寓的主人让-米歇尔·福隆（Jean-Michel Folon）是艺术品收藏者，希望在一座花园里摆放几件艺术品。他渴望打造一个符合个人特点的处所，一个他和伴侣都能产生认同感的地方，因此他们在设计中参与较多。他们计划让花园里长满郁郁葱葱的亚热带植物，色彩丰富，芬芳四溢。最终设计成果令人惊叹，拾级而上，仿佛穿梭林间，走进深处，最后来到一片带有起居空间和水池的木甲板区。

这座花园的植物组合迷人而有趣，从大花玉兰和鸡蛋花到龙舌兰、络石以及迷迭香、薄荷、鼠尾草等香草，丰富多样。

入口处，来访者将迎面看到精美的雕塑 ——“守护天使”（Angelo Custode）。
这尊优美的男性塑像背后有一对典型的收敛翅膀，若有所思地凝视着建筑。

水池底部铺设深绿松石色的瓷砖，池中冒出的基座支撑着公寓主人的另一件雕塑作品——望着水面的“大鸟”（Grand Oiseau）。

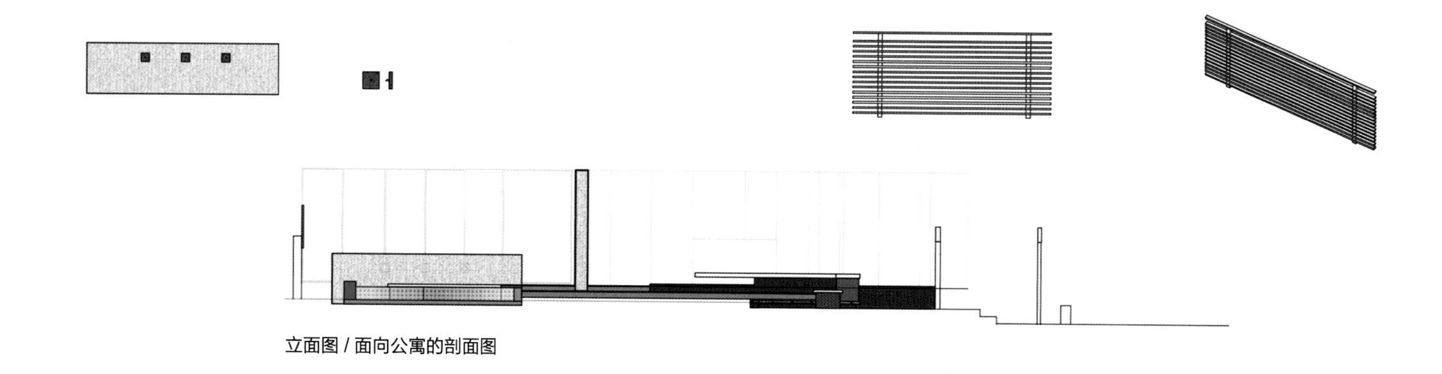

立面图 / 面向公寓的剖面图

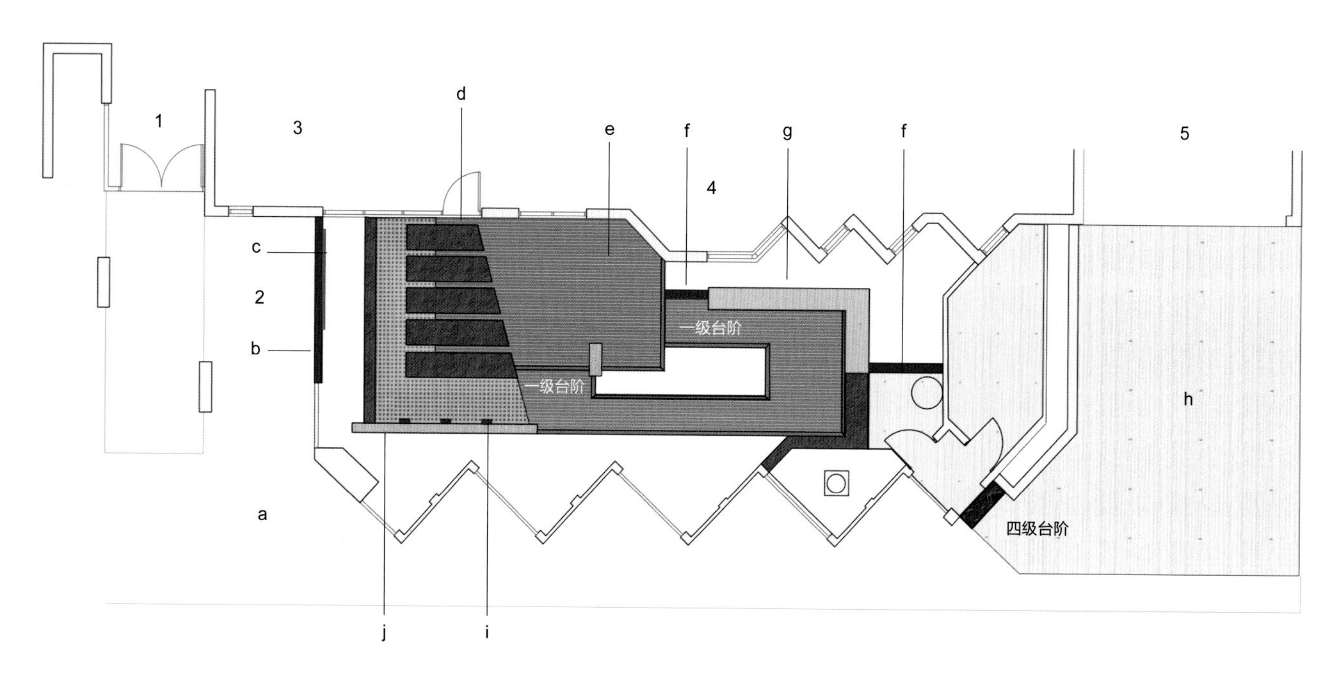


平面图

1. 入口
2. 储物室
3. 起居空间
4. 厨房
5. 车库

a. 泰式釉彩黏土瓦
b. 立柱之间刷成主导色彩的填充物
c. 骑在墙上的木板条屏风
d. 嵌入铺设的天然炭黑花岗岩，与甲板齐平
e. 赤桉木甲板
f. 抹过灰的砖墙
g. 天然炭黑花岗岩长凳
h. 以洗过的集料铺设的表面
i. 黑色花岗岩方盒，不锈钢喷水嘴
j. 覆以石头的墙体

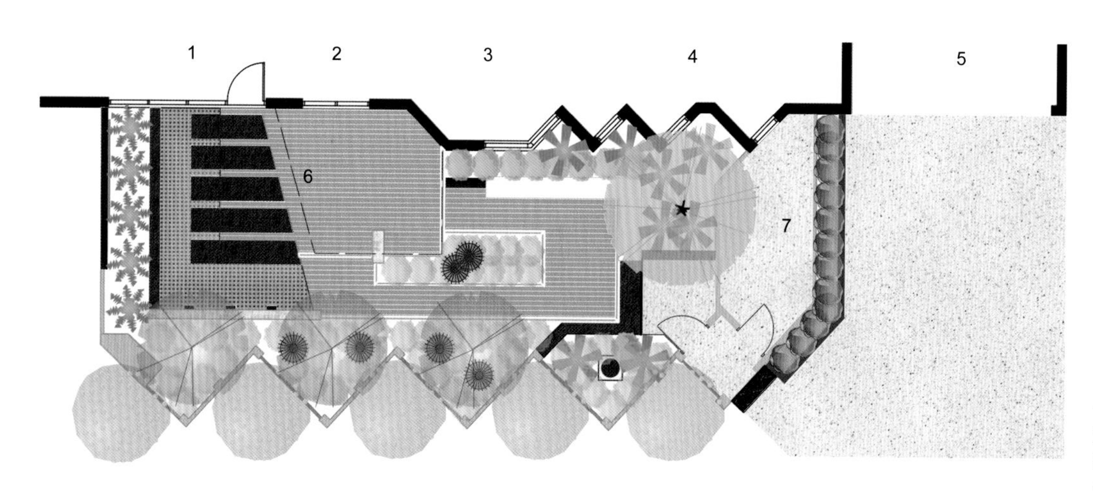


1. 起居室
2. 餐厅
3. 厨房
4. 卧室
5. 车库
6. 户外空间
7. 储物室

平面图

大鸟，2005。
61 cm x 103 cm  x 17.5 cm

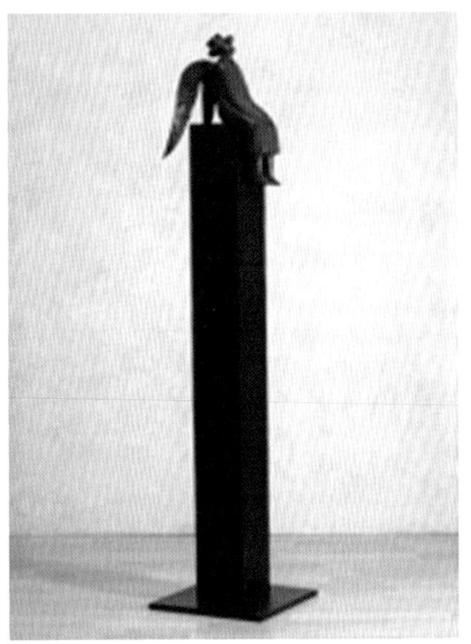

守护天使，2005。
总高度：150 cm
青铜雕塑高度：50 cm
基座由福隆亲选特种木材设计制作。

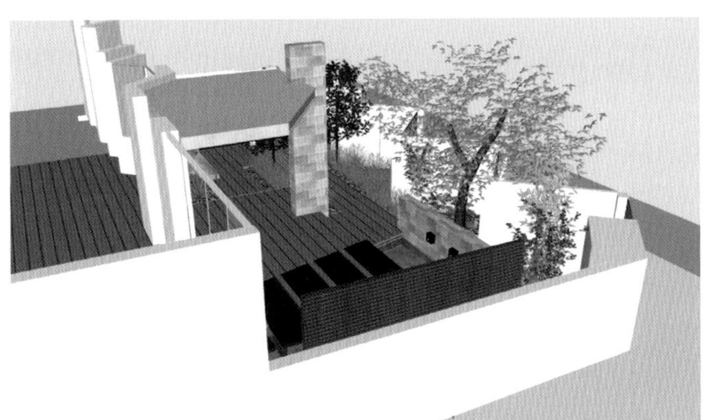

3D透视图

# SOHO露台

（SOHO TERRACE）

美国纽约

**建筑设计：**安德鲁·威尔金森建筑事务所（Andrew Wilkinson Architects PLLC）
**结构工程：**默里工程（Murray Engineering）
**摄影：**© 加勒特·罗兰（Garrett Rowland）

这个露台位于纽约曼哈顿一座五层历史建筑的楼顶。主人是一对年轻的夫妇，希望这片空间拥有如下几类区域：孩子的玩耍空间、露天休憩区、规则一些的厨房和用餐区、毗邻客房和家庭办公区的一片私密空间。设计者在克服了这片不规则空间带来的难题之后，将主人的需求都一一实现了——独具表现力和创意的建材在轻松的氛围里与建筑融为一体。

建筑结构和家具都大量使用了木材，与都市环境形成了有趣的色彩对比，也增添了一丝暖意和温馨。

屋顶露台一端加高的区域包括烹饪区、起居区和用餐区。这种设计营造出一种舒适感，让人可以在星空下俯瞰纽约城。

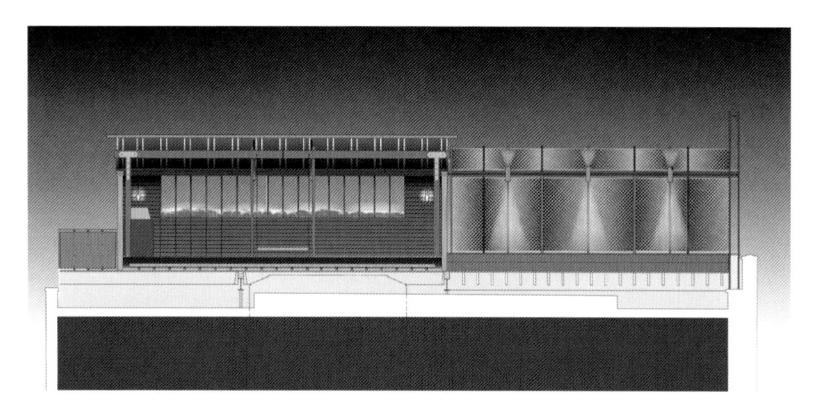

东立面图

南剖面图

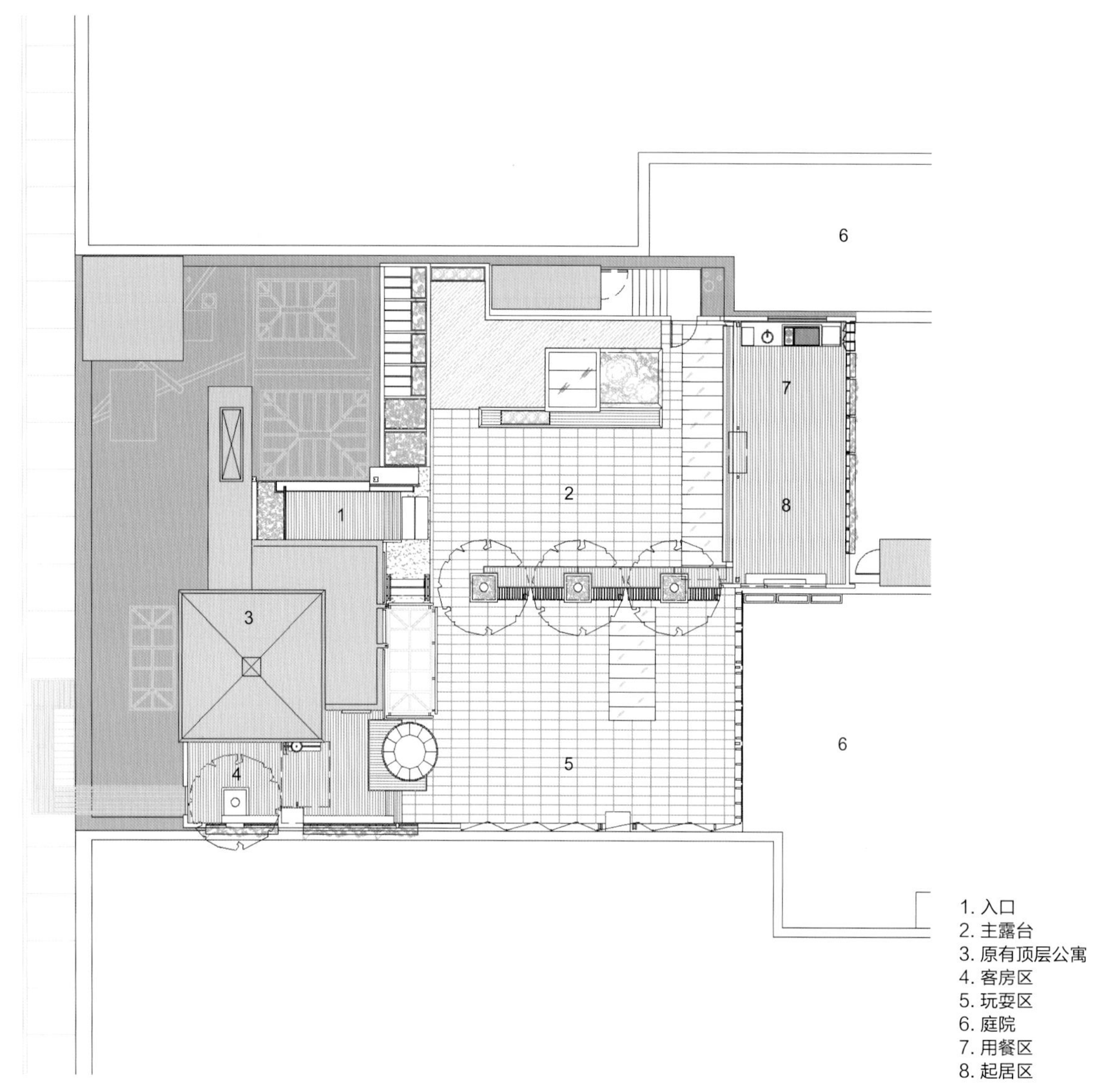


1. 入口
2. 主露台
3. 原有顶层公寓
4. 客房区
5. 玩耍区
6. 庭院
7. 用餐区
8. 起居区

平面图

这个露台也有休闲区：一口木制水疗按摩浴缸，让人在远离尘嚣的同时舒缓筋骨。

# 家中的自然空间

（NATURE AT HOME）

墨西哥莫雷利亚

**景观设计：** 都市景观（Paisajismo urbano）
**摄影：** © 都市景观

这个位于私宅中的巨大工程非常复杂。为确保工程顺利进行，设计了整栋寓所的墨西哥知名建筑师塞尔希奥·马加尼亚（Sergio Magaña）也参与其中。该项目包括365m²的植物，分别覆盖于室内外不同朝向的13堵绿墙上，这些墙体大小、特色各异。由于这一项目需要根据每面墙体的不同状况选择植物，综合考虑光照、湿度和温度等方面，因此对设计者的植物学知识要求甚高。在项目施工的三个月中，分属15个科、35个品种的11000株植物被运用其中。

墙体郁郁葱葱的绿色植被成了这片暗色极简空间的亮点，使其充满生机。

这根绿柱如同雕塑一般，具有装饰功能，同时用色彩将两片空间隔开。

# 塞拉别墅

（VILLA SERRA）

意大利博洛尼亚

**建筑设计：**詹卢卡·罗西（Gianluca Rossi）—Uainot建筑事务所（Uainot Architetti）

**景观设计：**马尔西利实验室（marsiglilab）

**摄影：**© 马尔西利实验室

这栋19世纪的别墅有两个相对独立的户外空间：露台和花园式屋顶平台。屋顶平台比室内低60cm。这种高差得以让设计者在增添新形状的同时凸显原有特色，而且不会与建筑本体产生冲突。这片屋顶平台空间拥有树篱、草坪和装饰灌木。露台则主打木本植物，以绿色为中心，栏杆边上立着陶土栽种容器。

用餐区域风景绝佳，百子莲、锦熟黄杨和海桐环绕四周。日落时分，微光营造出一片迷人的私密氛围。

5
2
4
1
5
3
7
6
1. 草坪
2. 铺设石板的小径
3. 用餐区域
4. 重蚁木地面铺设
5. 原有树木
6. 铺设砾石的小径
7. 栽有黄杨的种植容器
平面图

柯尔顿钢种植盆里的木犀榄由底光照亮，引人注目。

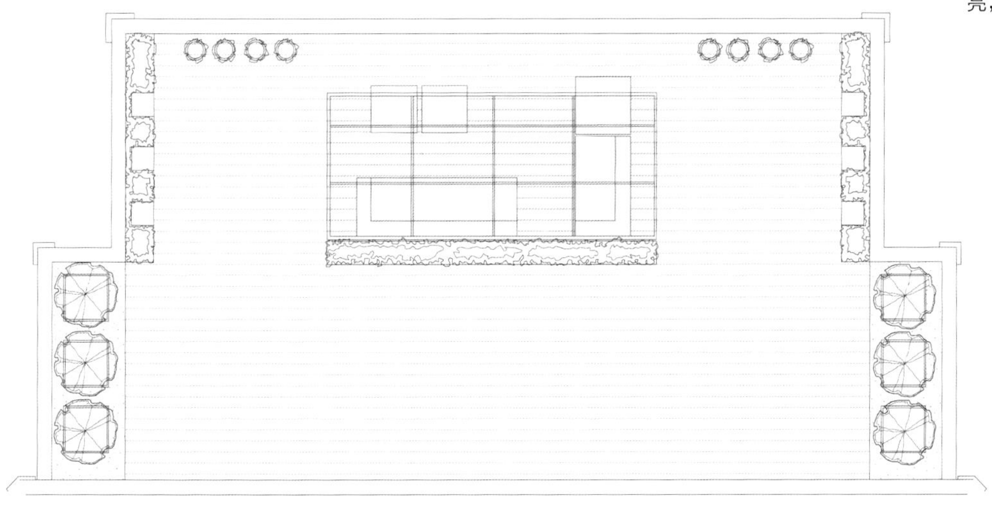

平面图

# 小空间，大奖赏

（MAXIMUM REWARDS）

英国伦敦

**景观设计：**斯特凡诺 · 马里纳兹景观设计

**摄影：**© 斯特凡诺 · 马里纳兹，亚历山大 · 詹姆斯（Alexander James）

在伦敦，求一片花园空间并非易事，这栋位于切尔西的住宅也不例外。但它的双层结构提供了巧妙的解决方案。此处花园被设计成主屋的延伸，为室内室外营造了空间感。上层从厨房向外扩展，下层从起居室向外扩展。室内的建材、形状和色彩扩展到户外，从而形成内外空间的联系。户外地面和花园台阶的铺设采用了与室内相同的砂岩并做了防滑处理。

为了凸显室内外空间的联系，上层花园靠墙的石凳采用了与室内长凳相似的设计。栽种的植物为全年都能享用的空间增添了进深感、色彩和香氛。

下层的三棵拉马克唐棣是花园的焦点，周围衬有绽放白色、绿色和蓝色花朵的常绿植物和灌木。

花园照明设计精巧，日落时分制造出一种温暖而迷人的氛围，非常适合在星空下进行烛光晚餐。

透视图

# 埃利斯田地

（ELLIS FIELDS）

英国赫特福德郡

**建筑设计：**尼古拉斯·泰伊建筑事务所（Nicolas Tye Architects）
**景观设计：**奇异绿手指（Kiwi Greenfingers）
**摄影：** © 奈里达·霍华德（Nerida Howard）

这片空间从埃利斯田地住宅延伸出来，旨在通过大量使用玻璃将室内外两个空间联结起来，布局恰能允许人们从任一角度欣赏，花园和天空的美景尽收眼底。因此，有必要让花园呈现出四季不断的迷人景观。东边有一片鲜花环绕的草地，背景为令人惊叹的乔木和灌丛。打开滑动门，露台瞬间就成了起居空间的一部分。

室内和户外的地面采用了同样的铺设材料，创造一种连贯感，让两片空间融为一体。

# 莫拉莱哈顶层公寓

（PENTHOUSE IN LA MORALEJA）

西班牙马德里阿尔科本达斯

**景观设计：**枫香树（Liquidambar）
**摄影：** © 枫香树

公寓的主人希望将这个露台打造成景观迷人、结构有序的花园，将水景、独特的植物以及不同的功能区融入其中，它的设计正以这样的心愿为出发点。

地面改造是通过在金属结构上铺设复合木甲板实现的，采用了耐用、维护成本较低的横向铺设。露台四周摆放着修剪整齐的植物，地面铺卵石，上漆的钢制种植盆和喷泉等其他铁艺也置于其中。此处均使用常绿植物，确保一年四季绿意常在。

露台附近街道的刺槐紫花与大花玉兰和月桂树的绿色形成活泼的对比。

修成球状的造型黄杨排满露台前缘。

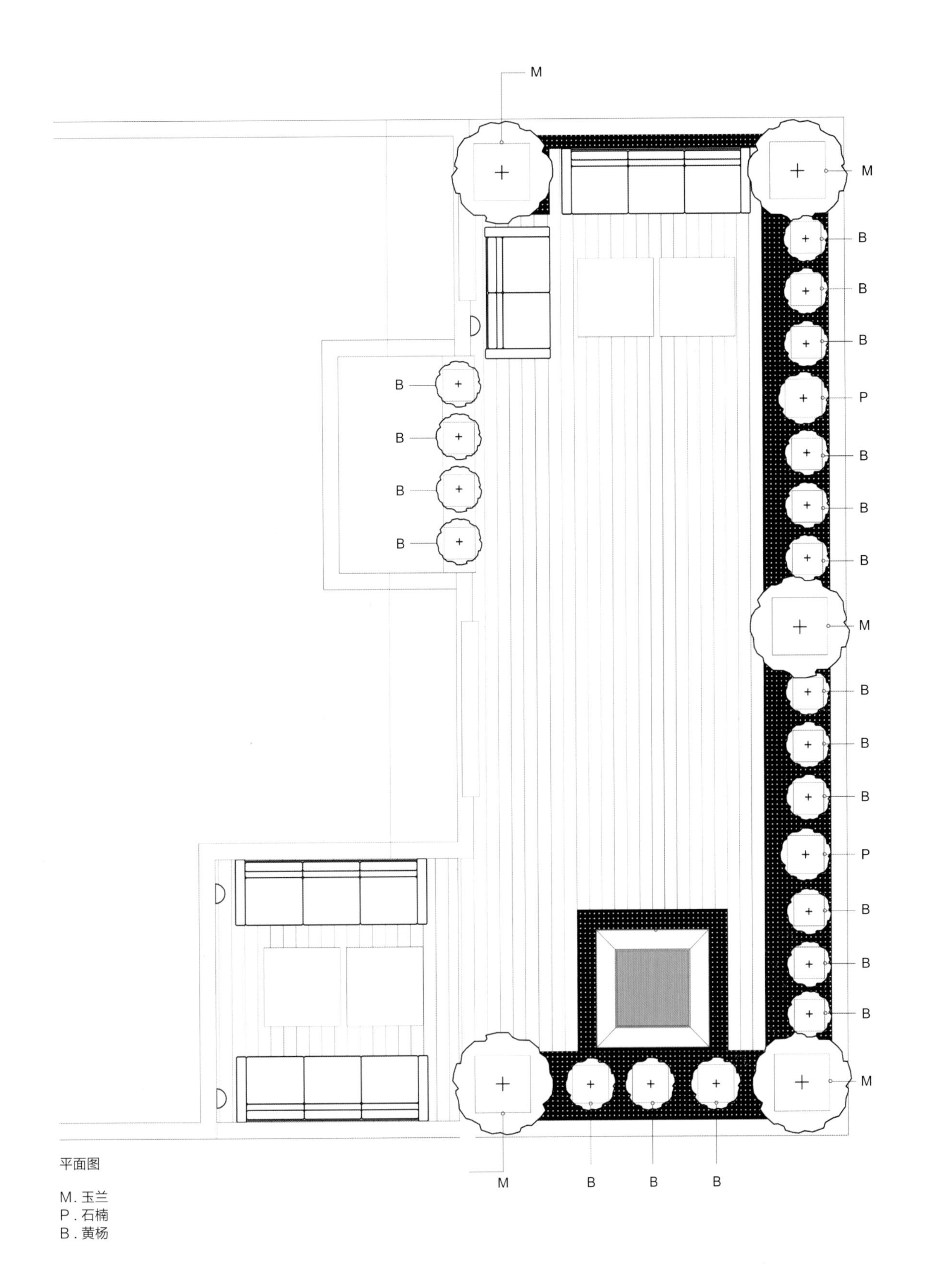


平面图

M. 玉兰
P. 石楠
B. 黄杨

这个露台的改造为公寓增添了一片新区域，起居空间的功能应有尽有，还附赠了阳光和美景作福利。

# 都市天堂

（URBAN PARADISE）

西班牙塞维利亚

**景观设计：** Xeriland

**摄影：** © 阿尔贝托 · 奥亨巴雷纳（Alberto Ojembarrena）

该项目不同寻常之处在于，它包含了几处迷你花园、一片菜地、露台和英式庭院，这些空间彼此相通，并与其他起居区域相连。入口铺设了独特的大石板，让来者在欣赏周围植物时渐入佳境。你无法一眼望穿花园，沿着景观各异的不同道路和小径前行，它才会缓缓露出真容。无论向前看，还是回顾来时的路，每条小径都有一番迷人的景致。

不同区域的设计方案各不相同：有的依照几何形状栽种香桃木灌木，还有的则自由混搭叶片不同、花期不同的植物，以确保全年都能看到绿色。

厨房附近有一小片种在柯尔顿钢花台里的蔬菜，采摘非常方便。

平面图

最窄的区域栽种多肉植物，养护轻松便捷。

# 工业风都市花园

（INDUSTRIAL URBAN GARDEN）

英国卡迪夫罗斯区

**景观设计：** 罗伯特 · 休斯花园设计（Robert Hughes Garden Design）
**摄影：** © 罗伯特 · 休斯

本项目旨在打造清新简洁、初看便觉迷人的个性化极简主义花园。这座花园无需很多维护工作，其质感与白绿相间的色彩神似日式庭院。小园子曾像是一块历经沧桑的空石板，布满野草，有一条狭窄的过道，花园只能从过道望见。因此，设计时需要将视线引到焦点上。澳洲黑木工具棚上的朝日（Asahi）木壁板成为焦点，而充满现代感的石头花槽和花岗岩路面则将视线引向园中小径。

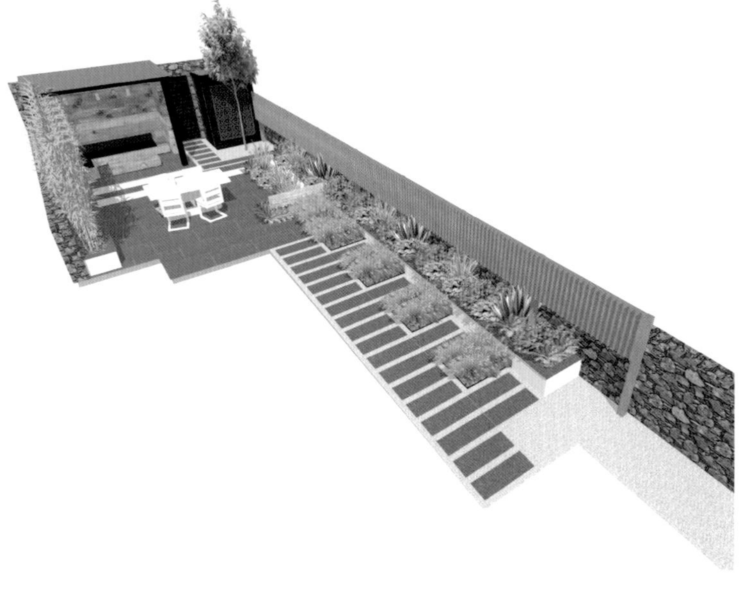

轴测图

起居区域可以遮风避雨，露台一年四季皆可使用。墙体使用的回收木材凸显工业风。

# W41宅

（W41 HOUSE）

墨西哥坎昆

**建筑设计：** 温暖建筑事务所（Warm Architects）—卡洛斯·阿曼多·德尔·卡斯蒂略（Carlos Armando del Castillo）

**摄影：** © 扎鲁伊·桑古奇安（Zaruhy Sangochian）

团叶扇葵和蜜莓等本土植物位于这栋房屋的中心，成为建筑特色，为容纳它们的建筑空间提供景致。

两层空间均由中庭和楼梯的体量划分。地面层的起居室和餐厅由庭院联结，院子开放的玻璃墙则让该楼层成为内外相联的独特空间。二层树木的枝叶投下斑驳的树影。

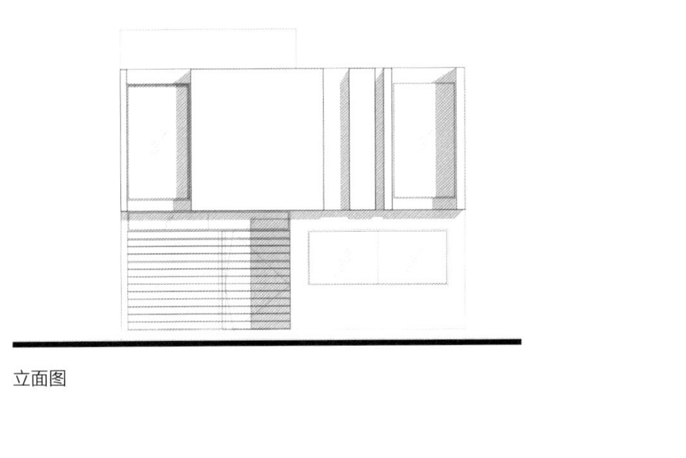

立面图

剖面图 AA

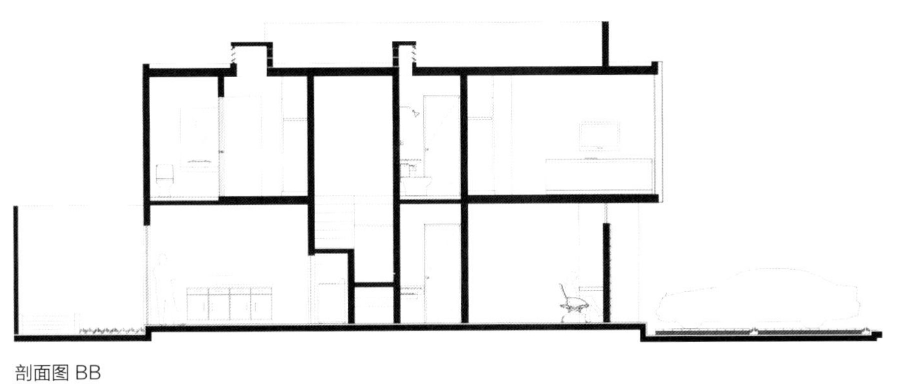

剖面图 BB

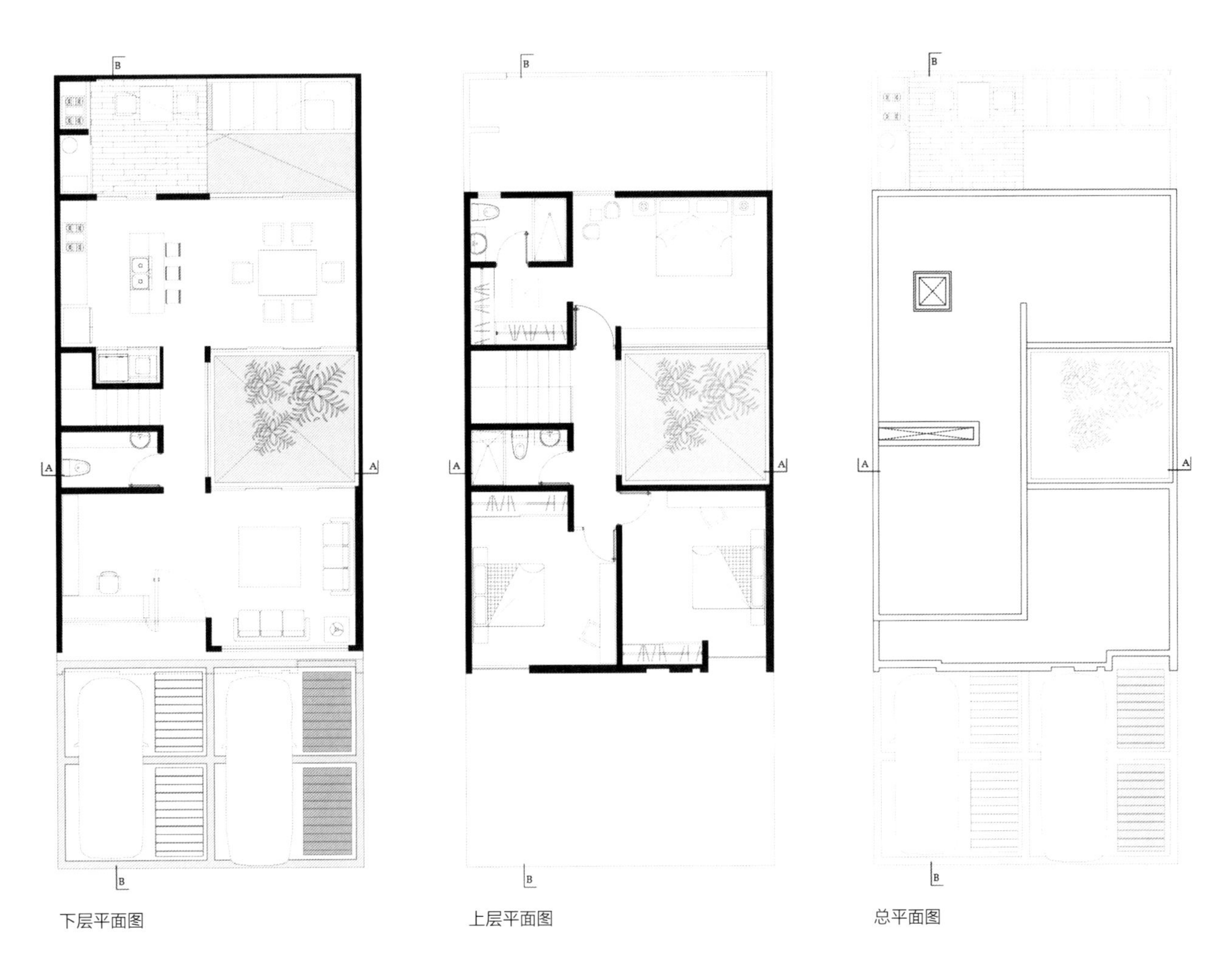

下层平面图

上层平面图

总平面图

# 伊斯灵顿花园

（ISLINGTON GARDEN）

英国伦敦伊斯灵顿

**景观设计：**罗伯托 · 席尔瓦景观和花园设计（Roberto Silva Landscape and Garden Design）

**摄影：** © 罗伯托 · 席尔瓦

这座小花园呈现出独特的L形，L的一部分是一棵正对着起居室的老莱兰柏，另一部分挨着卧室。花园的设计灵动而简洁：一片木甲板从房屋延伸出来，作为起居室的扩展部分，适合摆放小桌子和座椅；这一小片区域也是通往花园的小径，一道蜿蜒的长线条从平台引出，在园中绕成一个有机形状，看起来很像干水池。此处使用的材料是树脂胶黏合的砾石，底部周围有钢铁边框。

环绕花园的篱墙和园中一端隐藏的工具棚都选用了红杉木。

这里选用的植物都有着不规则的独特形态，如八角金盘、紫竹和芒。

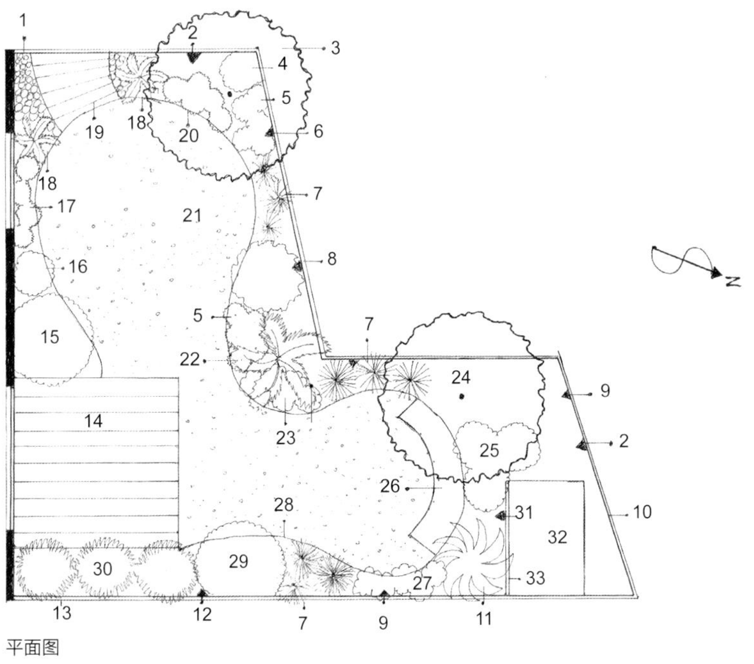

平面图

1. 卵石
2. 紫葛葡萄
3. 枇杷
4. “纳瓦贝尔”绣球
5. 罗比扁桃叶大戟x5
6. 原有铁线莲
7. 美丽丽白花x3
8. 原有素馨花
9. 五角金盘属植物
10. 板条栅栏墙
11. 麻兰
12. 木通
13. 板条格子架
14. 甲板
15. 大花绣球
16. 川西荚蒾
17. 玉簪属植物x4
18. 欧洲鳞毛蕨
19. 甲板小径
20. 玉簪属植物x5
21. 自合砾石
22. 软树蕨
23. 岩白菜属植物x5
24. 原有莱兰柏
25. 栎叶绣球x3
26. 栎木座椅
27. 岩白菜属植物x3
28. 木缘
29. 蜜腺大戟
30. 紫竹x3
31. 黄叶啤酒花
32. 工具棚
33. 板条屏风

# 清新庭院

（A REFRESHING COURTYARD）

西班牙马德里

**景观设计：** 绿色居所（La habitación verde）
**摄影：** © 绿色居所，景观工作室（Landscape Studio）

这片小空间是家庭真正的心脏。这座中庭位于住宅中心，柔光可透入室内。为了凸显这片空间，使得原本位于中间的大烟囱自然地融入整体环境，庭院中心修建了一处水景作为视觉焦点。

千姿百态的植物与金属表面和直线条形成鲜明的对比，呈现出一片古典与现代交织的空间。从屋里就可以望见这片小院落，院中的宁静气息和流水声营造出了轻松愉悦的氛围。

这座庭院砌有大花槽，栽种攀缘植物、灌木和香氛植物，清新怡人，此外还有传统地中海庭院风格的花盆组合。

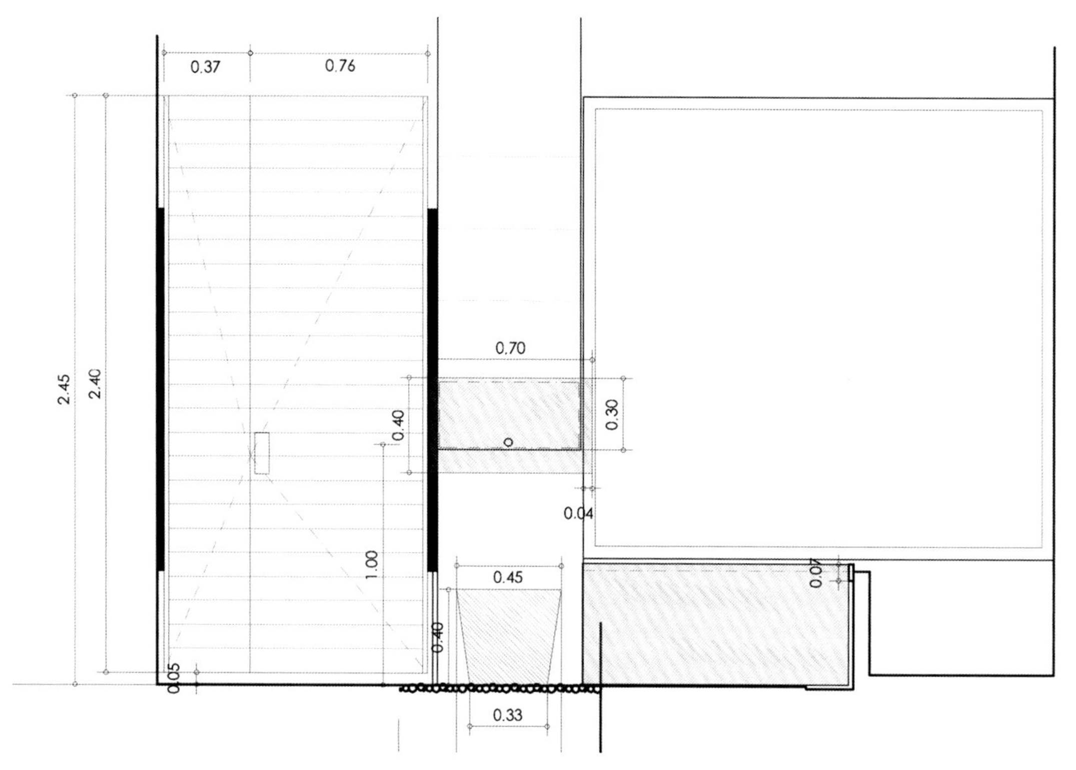


水景正立面图

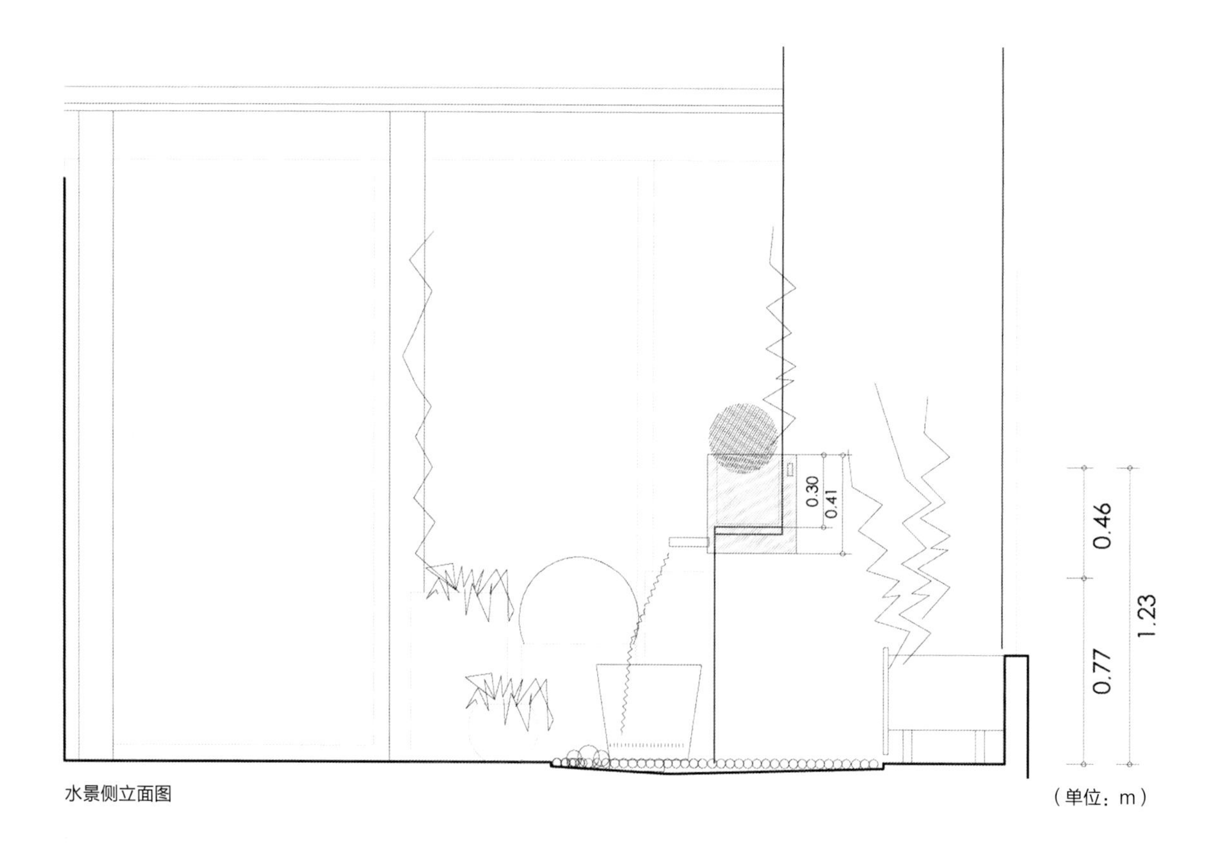


水景侧立面图

（单位：m）

草图

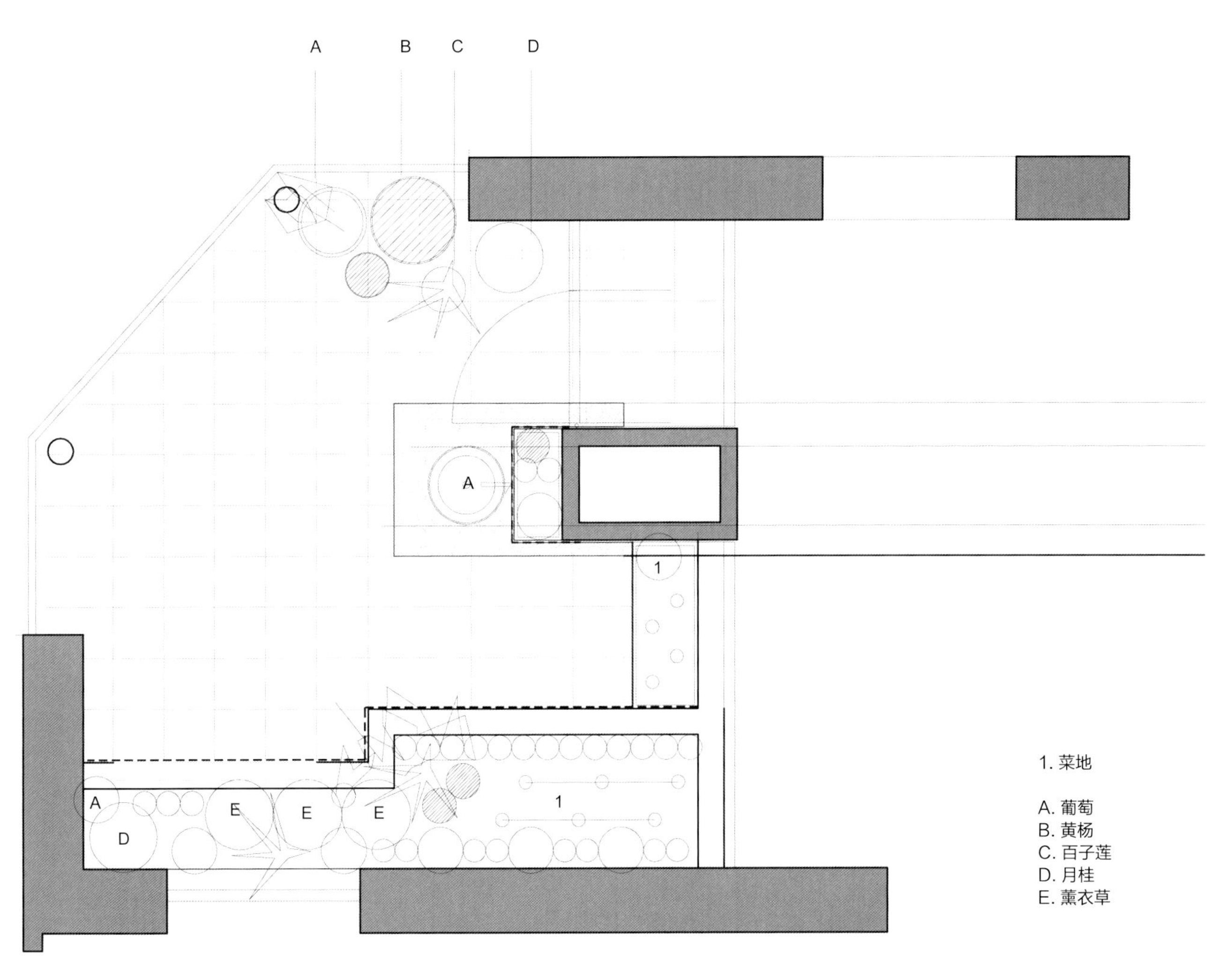


平面图

# 诺埃谷之一

（NOE VALLEY I）

美国加利福尼亚州旧金山

**建筑设计：**费尔德曼建筑事务所（Feldman Architecture）
**景观设计：**洛蕾塔·加冈景观+设计（Loretta Gargann Landscape + Design）
**摄影：**© 乔·弗莱彻（Joe Fletcher）

设计师对这栋经典维多利亚式住宅的改造既尊重了原有特色，也在空间设计、照明和材料方面赋予它现代感。厨房、早餐区和起居室围绕一片用作户外起居空间的露台组织起来。一处户外壁炉让人们在仰望星空时也可以享受到室内般的温暖。底层有一座砾石铺地的花园，园中有混凝土碎石和大种植盆，周围绿树环抱，带来独特的私密感。这处居所远离城市的嘈杂，是享受鸟语花香、呼吸新鲜空气的好地方。

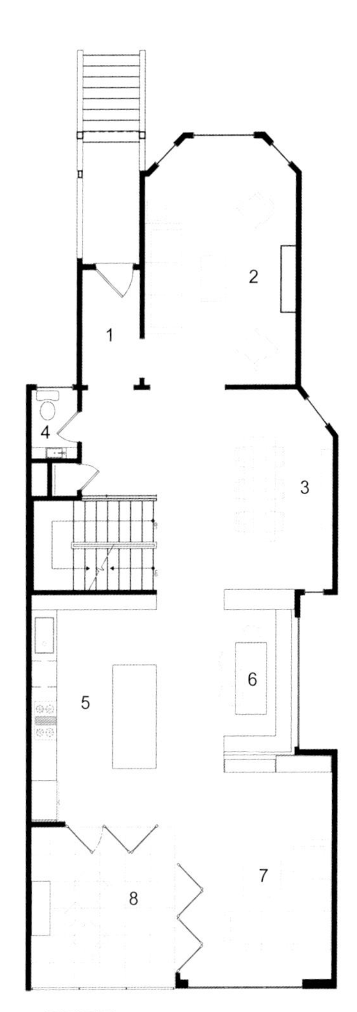


二层平面图

1. 门厅
2. 起居室
3. 餐厅
4. 盥洗室
5. 厨房
6. 早餐区
7. 家庭活动室
8. 屋顶平台

金属折叠门让户外与室内合为一体，从视觉上将栖居空间与都市绿洲联结起来。

# 圣保罗庭院

（COURTYARD SAO PAULO）

巴西圣保罗

**景观设计：**景观设计家——有灵魂的花园
**摄影** © 莫妮克 · 布里奥内斯（Monique Briones）

这是一处位于喧嚣大都市心脏地带的小庭院，一处旨在充分利用每寸土地的庇护所，设计师尽可能考虑到让主人少点儿维护工作、多点儿休息时间。

格子架、木靠背、石笼网中堆叠的桉树干组成的角落长凳，皆由回收材料打造。紧挨着长凳的是一座喷泉，池水不多，却因烟色玻璃的障眼法显得池水很深。这座院落铺满了优质人工草坪，覆有一块青灰色的三角帆布遮篷。

这座花园栽种的是狭叶薰衣草和海桐，这些植物都无需频繁浇水，也为这座热带风格的城市花园带来一丝地中海气息。

木靠背附近的这个角落令人叫绝，镜子、板岩、卵石和多肉植物组合在一起，创意十足。

# 维也纳屋顶花园

（ROOF GARDEN IN VIENNA）

奥地利维也纳

**景观设计：**3:0景观设计（3:0 Landschaftarchitektur）
**摄影：**© 鲁伯特·施泰纳（Rupert Steiner）

为改造并拓展这座位于市中心私宅中的阁楼，设计师分层级打造了三片屋顶空间。此处分层设计的灵感源自轮船，因此也对应了相关的意象。低层是颇具私密感的船舱式花园，由马兜铃属、南蛇藤属和地锦属植物组成。另一层是建筑的主屋顶——一片布满彩色植物的平台。还有一处观景露台，可以欣赏栽有细齿樱桃和唐棣属植物的楼层，风景迷人。

顶层铺设木板，以整座城市的胜景为幕布，构成一片迷人的休憩区。

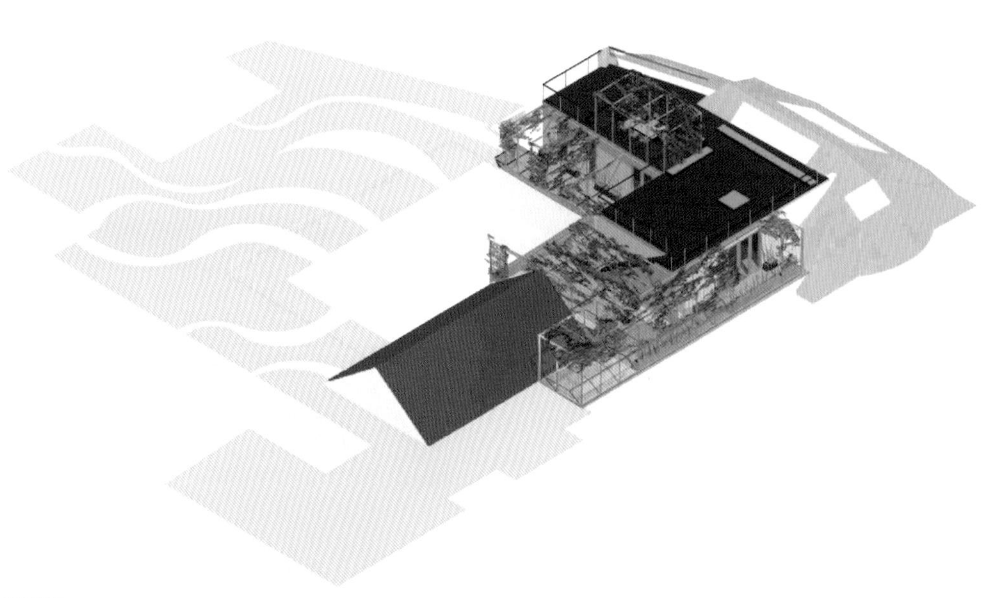

轴测图

砾石铺就的小径呈现出的波浪起伏的线条和多彩的景天植物强化了大海的意象。

# 小憩

## （CHILL OUT）

葡萄牙埃尔瓦什

**建筑设计：** 安赫尔 · 门德斯建筑+景观（Ángel Méndez Arquitectura + Paisaje）

**摄影：** © 安赫尔 · 门德斯

这片露台的改造设计旨在加入第三个维度，通过改变体量打破最初60m²草地的扁平感。该设计包含了用于休憩、阅读、用餐或小酌的中心空间，四周植物环绕却也不显拥挤，反而清新怡人。中央平台高于其他表面，这片区域也因此而成为惊艳的中心装饰。

该露台的改造设计中选用了易打理的植物，并铺有可供儿童嬉戏玩耍的人工草坪。

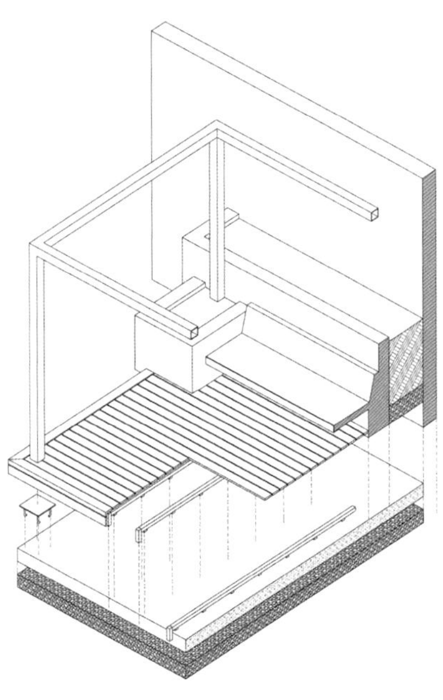

轴测图

花岗岩路面和砌筑花槽构成休闲区包括座椅在内的主体，与重蚁木甲板形成有趣的对比，彰显露台的高品位。

剖面图

# 佩雷斯·皮扎罗宅院

（HOUSE PÉREZ PIZARRO）

西班牙塞维利亚

**景观设计：** Xeriland

**摄影：** © 费尔南多·阿尔达（Fernando Alda）

这是由一座老纺织厂改造而成的住宅，独特的布局空间呈L形，包含三处院落。这栋建筑的院落采用了极简主义设计风格，优点在于可持续、维护成本低，选用柠檬、竹子和盆栽橄榄等作为建筑植物。路面小方石接缝处铺有人工草坪，水池区域同样采用人工草坪。为了与塞维利亚夏日的高温酷暑作战，地板和人工草坪组成的平台上还设有自动喷雾装置。

池边墙体上瀑布般下垂的花叶蔓长春让院落中的绿色富于变化，颇有意趣。

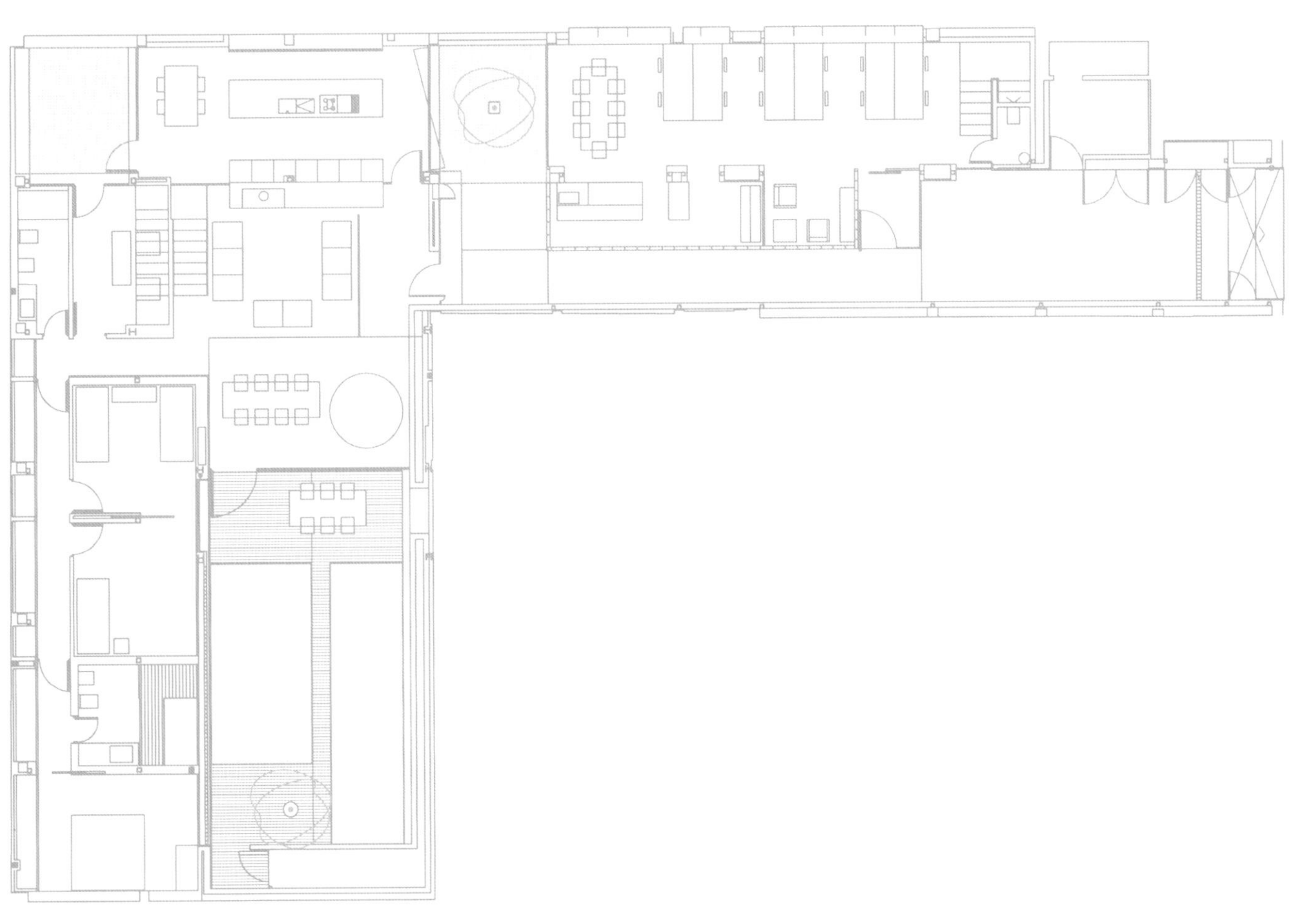

平面图

# 弗里曼特尔式庭院

（FREMANTLE COURTYARD）

澳大利亚贝斯沃特（西澳大利亚州）

**景观设计：**栽培艺术—雅妮娜 · 芒代尔

**摄影：** © 佩塔 · 诺斯

创造一片设计精致、植物郁郁葱葱的当代建筑结构，是这座庭院的设计初衷。鉴于这是一座形状狭长的庭院，设计师充分利用垂直空间，使庭院看起来更加宽敞，墙体使用柯尔顿钢框住丝网板，供攀缘植物生长。这片空间还沿着较长一边设置了花槽和木凳。这座庭院在现代环境中使用石灰岩、柯尔顿钢、铜与铺地石材，可谓典型的弗里曼特尔式庭院。

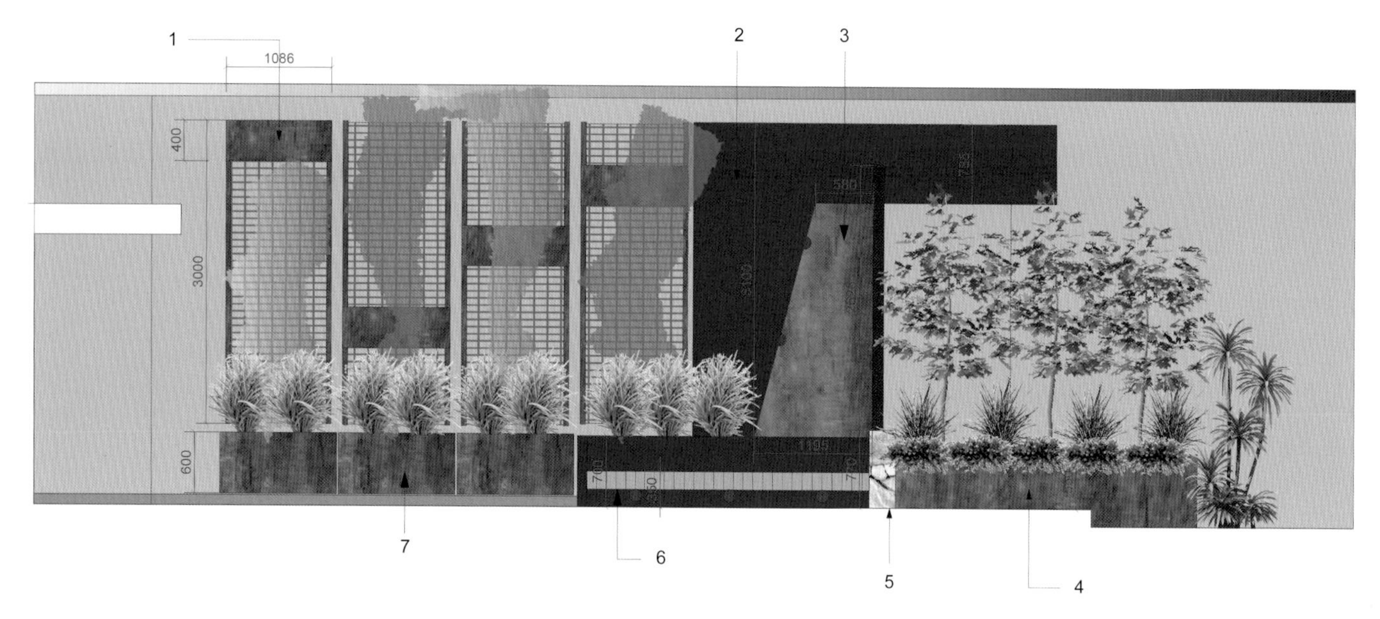


边界墙体概念立面图

1. 边框上漆的屏风，内嵌镀锌或不锈钢丝网
2. 为打造覆铜水幕墙上的凹壁新增的抹灰砖墙层
3. 水幕墙的覆铜凹壁
4. 定制的柯尔顿钢挡土墙
5. 石灰岩毛石墙
6. 石座木凳
7. 上漆的柯尔顿钢

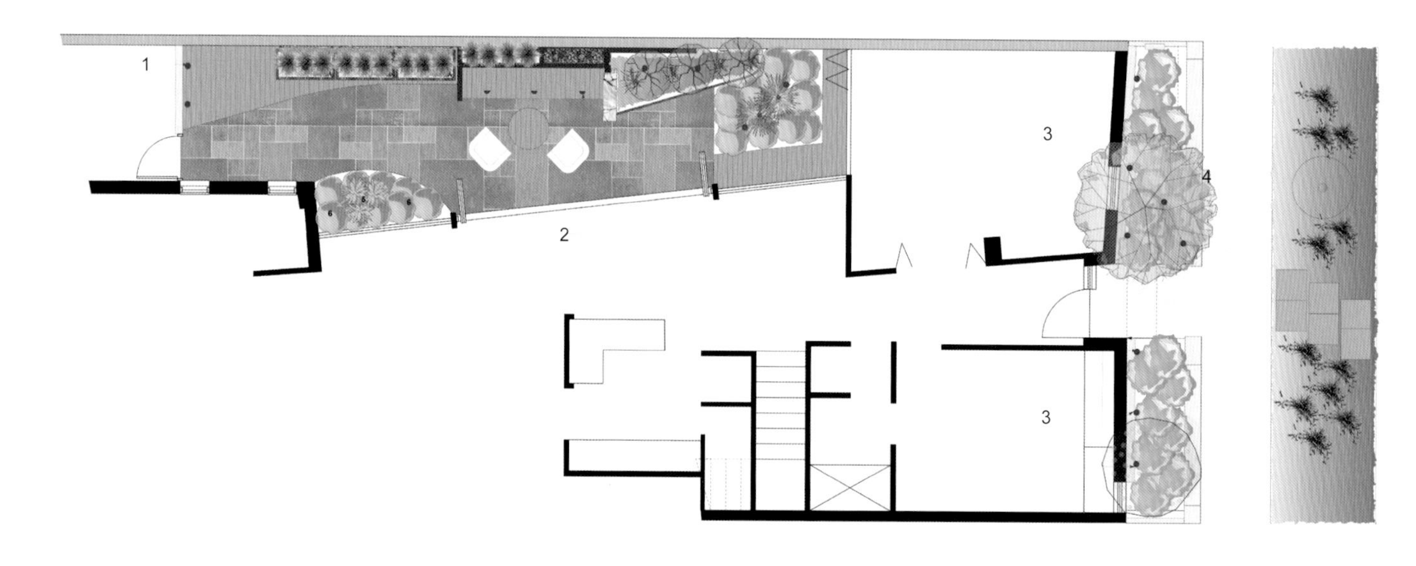


植物、树木和灯光平面分布图

1. 照亮石灰岩的甲板埋地灯
2. 照亮木座椅的石壁内嵌灯
3. 照亮石灰岩景观墙的灯具
4. 照亮树木的叶片和姿态的安装在立柱侧面的灯具
- 灯光分布点

庭院建成一年后，部分墙体以及由柯尔顿钢框住的丝网板已经被攀缘植物覆盖了。

# 在野外

（CAMPESTRE）

墨西哥克雷塔罗

**景观设计：**Hábitas
**摄影** © 基卡 · 谢拉（Kika Sierra）

这栋住宅的主人要求设计一座维护成本较低、栽种本土植物的花园。因此，围绕该地区土生土长的植物展开设计就是它的最大亮点。异株麻风树、黄甸苜蓿等灌木和白云阁、龙舌兰等生长在石头与砾石之间。这片区域由按摩浴缸分割为两部分，所打造的迷人空间不仅限于装饰，更是令人放松身心的好地方。

位于按摩浴缸一侧的露台，后有栽种白云阁的容器，这种仙人掌从花园右角冒出来，与另一头呼应，将两片空间联结在一起。

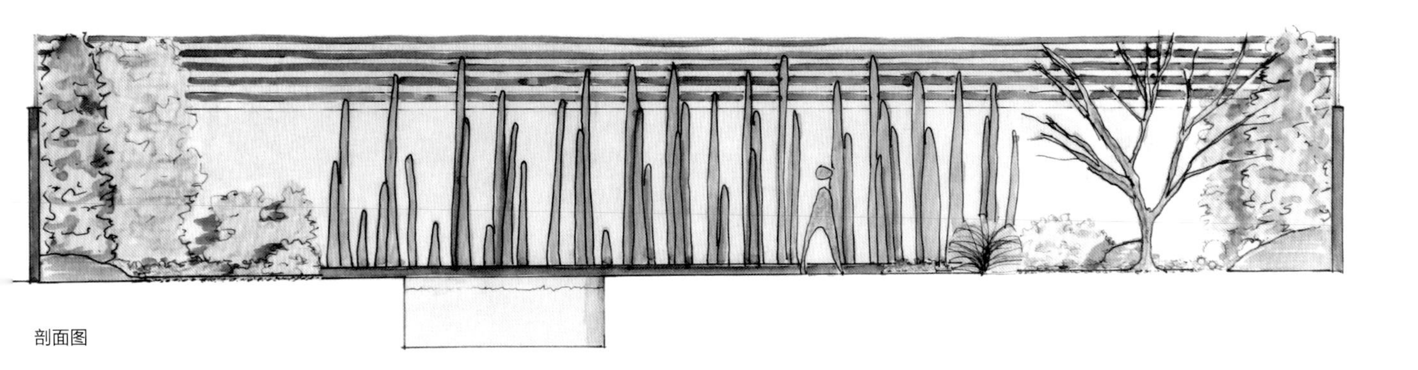

剖面图

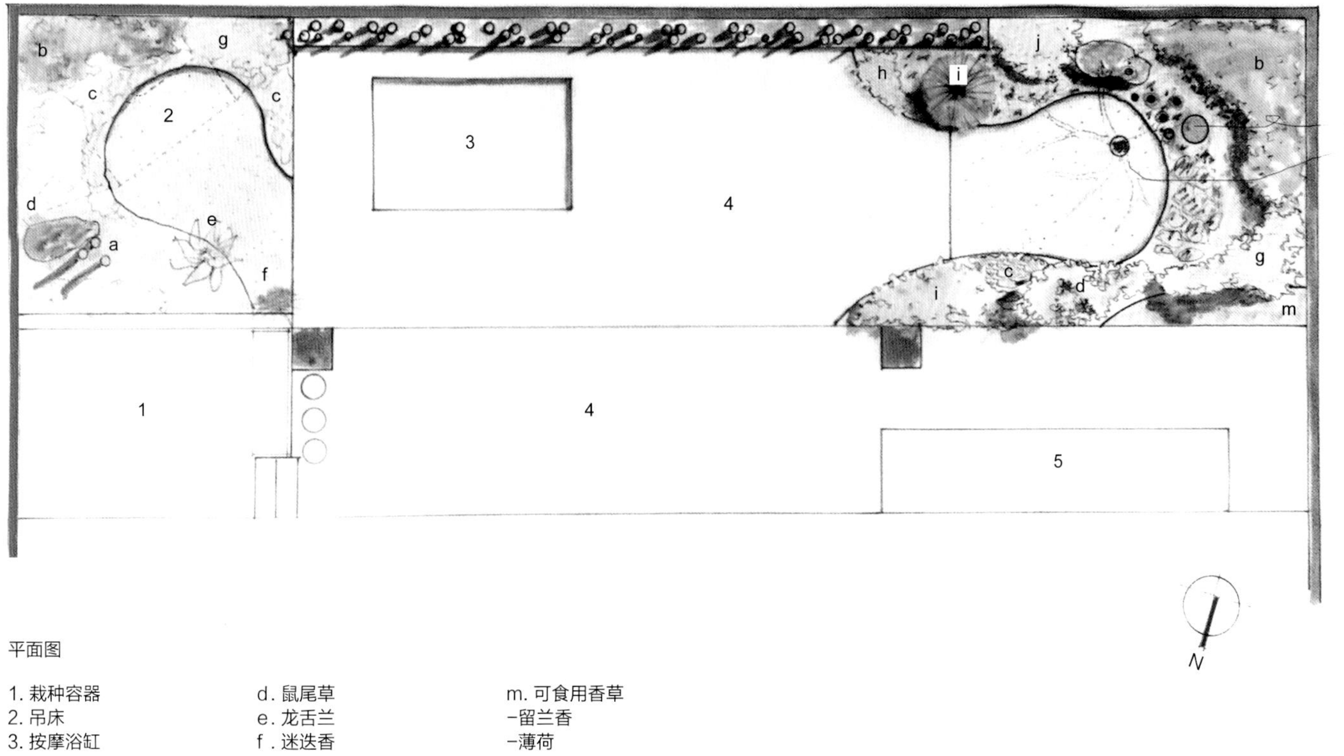


平面图

1. 栽种容器
2. 吊床
3. 按摩浴缸
4. 露台
5. 厨房

a. 风琴管仙人掌
b. 墨西哥刺木
c. 景天
d. 鼠尾草
e. 龙舌兰
f. 迷迭香
g. 拉马克山黄麻
h. 匍匐植物
i. 猬丝兰
j. 香桃木
k. 阿米芹
l. 小叶裂榄
m. 可食用香草
-留兰香
-薄荷
-罗勒草
-牛至
-香蜂花
-芸香

# 三棵白桦

## （THREE SILVER BIRCHES）

英国伦敦

**景观设计：** 芭芭拉 · 萨米铁尔景观&花园设计

（Barbara Samitier Landscape & Garden Design）

**摄影：** © 芭芭拉 · 萨米铁尔

这栋维多利亚式住宅的小花园设计目标十分明确：打造一座可用于露天聚餐和孩子玩耍，却依然可以保持私密性的家庭花园。生长在园中的白桦树被保留下来了——它们白色的树干能够反光，能够让花园更加明亮。园中设置了一块巨大的户外黑板，将用餐区和邻居家分隔开，孩子和成人都能够乐在其中。院中还设有秋千、蔬菜种植台、十人用餐区、座椅区、工具棚和两块大花圃。

这片12m × 6m的场地中的每一寸土地都得到了充分利用，所需功能区全部融入其中，看起来也不显得狭窄或拥挤。

花园尽头的一片座椅区成了焦点，人们可以在树荫下享受自然或安静阅读。

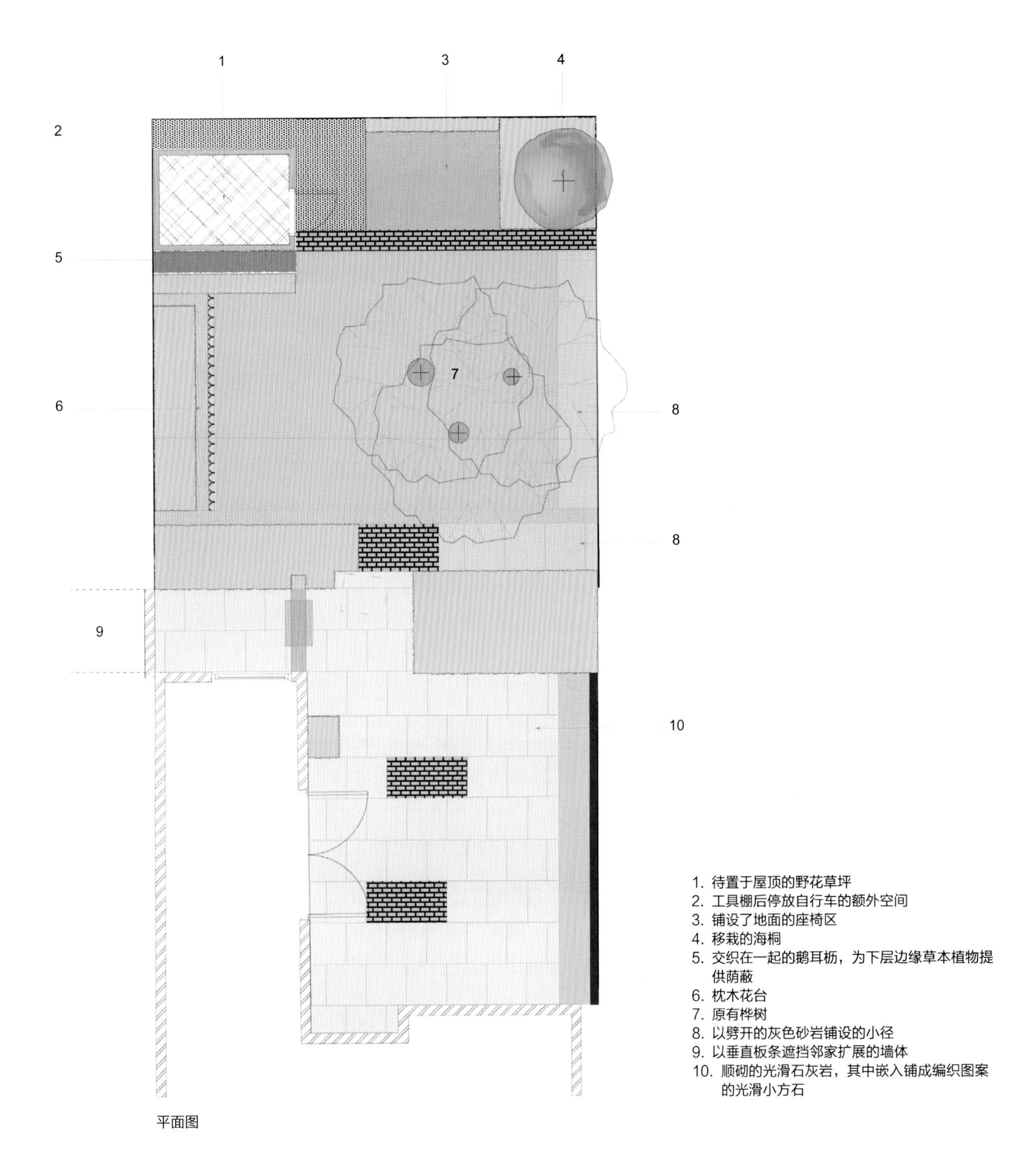


1. 待置于屋顶的野花草坪
2. 工具棚后停放自行车的额外空间
3. 铺设了地面的座椅区
4. 移栽的海桐
5. 交织在一起的鹅耳枥，为下层边缘草本植物提供荫蔽
6. 枕木花台
7. 原有桦树
8. 以劈开的灰色砂岩铺设的小径
9. 以垂直板条遮挡邻家扩展的墙体
10. 顺砌的光滑石灰岩，其中嵌入铺成编织图案的光滑小方石

平面图

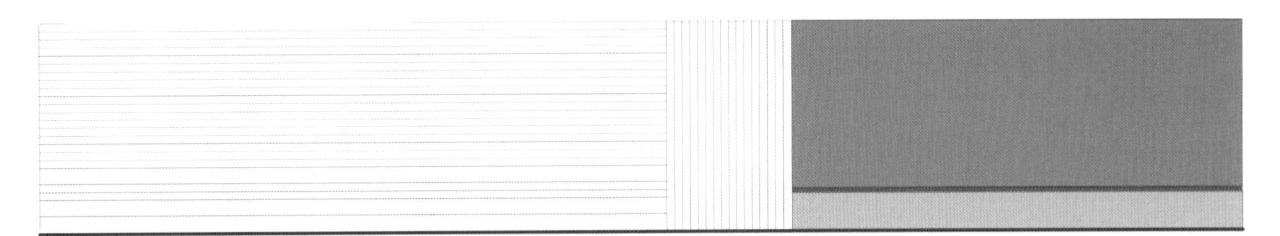

南缘立面图

# U顶层公寓

## (U PENTHOUSE)

西班牙马德里

**建筑设计：**ÁBATON

**摄影：**© ÁBATON

这些顶层公寓的屋顶彰显了极简主义设计原则，设计细致入微。大露台让公寓住户们拥有独门独户式的个体空间。该项目选择了颜色素净的材料：粗面水泥，刷白，以减弱西班牙盛夏烈日对居住环境的影响。地面铺设使用了灰色碎砾石、预制混凝土板和木材。所选植物同样遵循极简主义设计原则，植物选择上仅限于草、苔藓等，特定区域栽种鸡爪槭和羽扇槭形成焦点。

其中一座私家小露台仿照日本坪庭设计，在极小的空间内运用各种元素打造自然氛围。

在曲线形建筑体内，方形公寓建于环形结构之上，露台因此而出现了突出的棱角，需要有创意的解决方案。

立面图

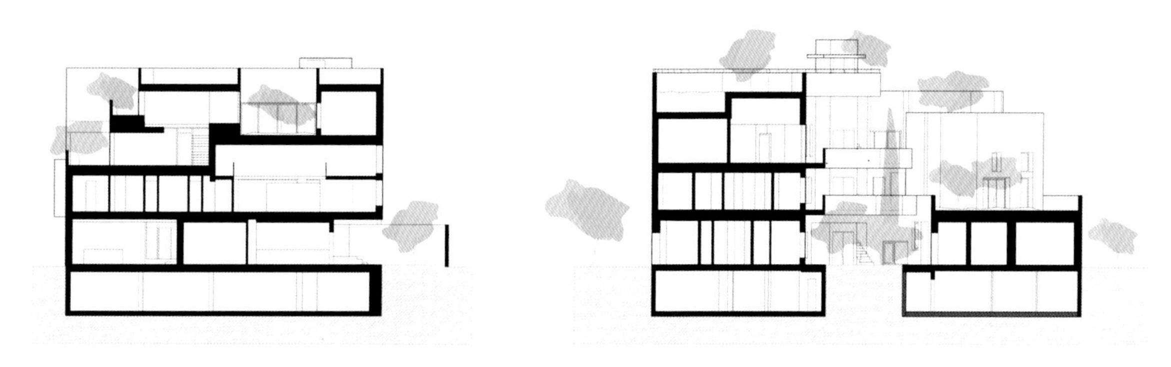

剖面图

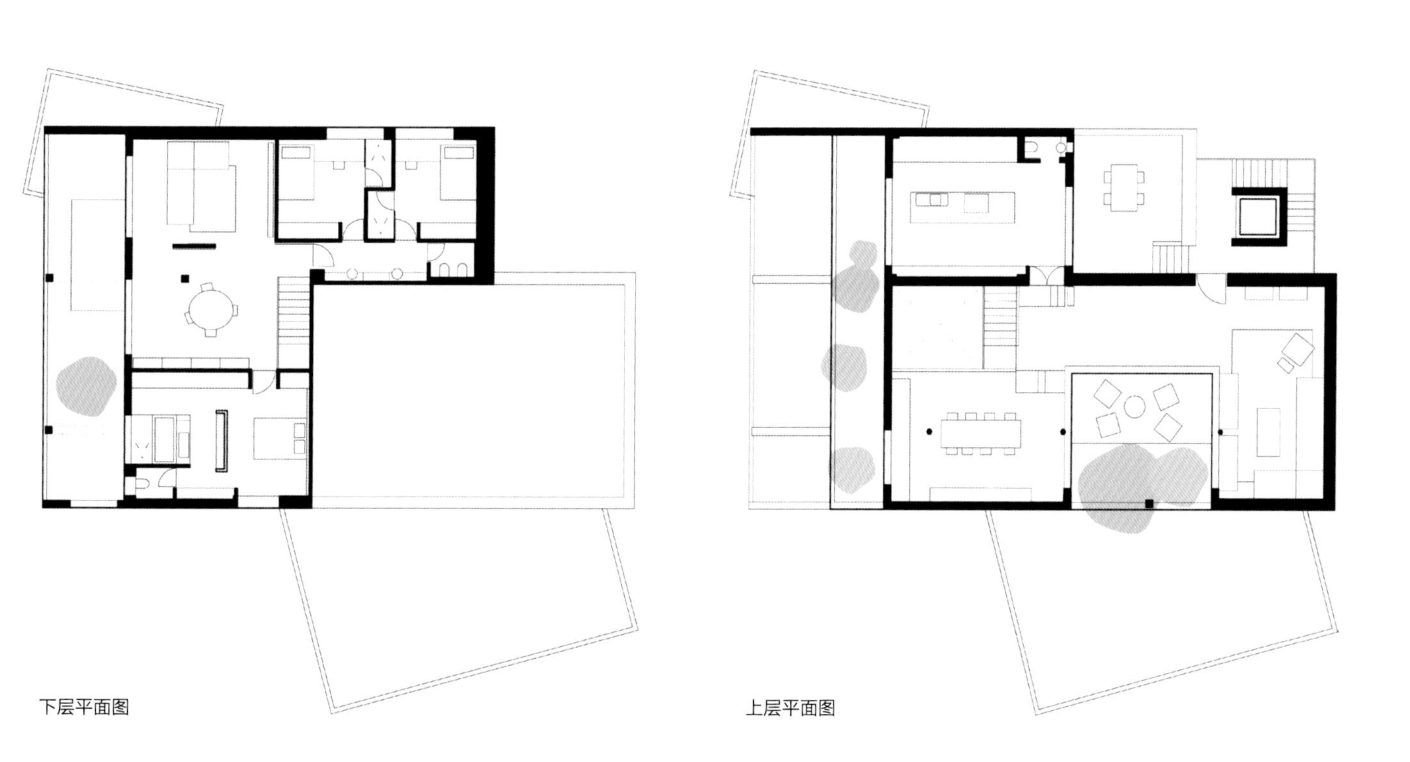

下层平面图

上层平面图

# 内设按摩浴缸的凉亭

## （PERGOLA WITH JACUZZI）

波兰帕沃维克

**景观设计：** 米夏丽娜·特里姆帕拉（Michalina Trempala）/ 触手可及的绿色自然（NATUR Zielone Pogotowie）

**摄影：** © 安娜·索波洛斯卡（Anna Soporowska）/ 索波洛斯卡摄影（SOPOROWSKA Photography）

该设计位于一片安静的住宅区，以按摩浴缸为中心。为了挡风避雨，浴缸区域安装了一座凉亭，亭中还有舒服的藤条沙发可供休息。为确保这片区域全年皆可享用，亭内还添置了生物乙醇壁炉。主人喜爱针叶植物，角落有松属、冷杉属和金松属等盆栽。露台四周种有蓝叶云杉、亮绿北美香柏以及一些丝兰属植物。

地面采用复合板铺设，可经受较大的温度变化。整座露台的建材均使用从白到灰的中性色，依靠植物增添色彩。

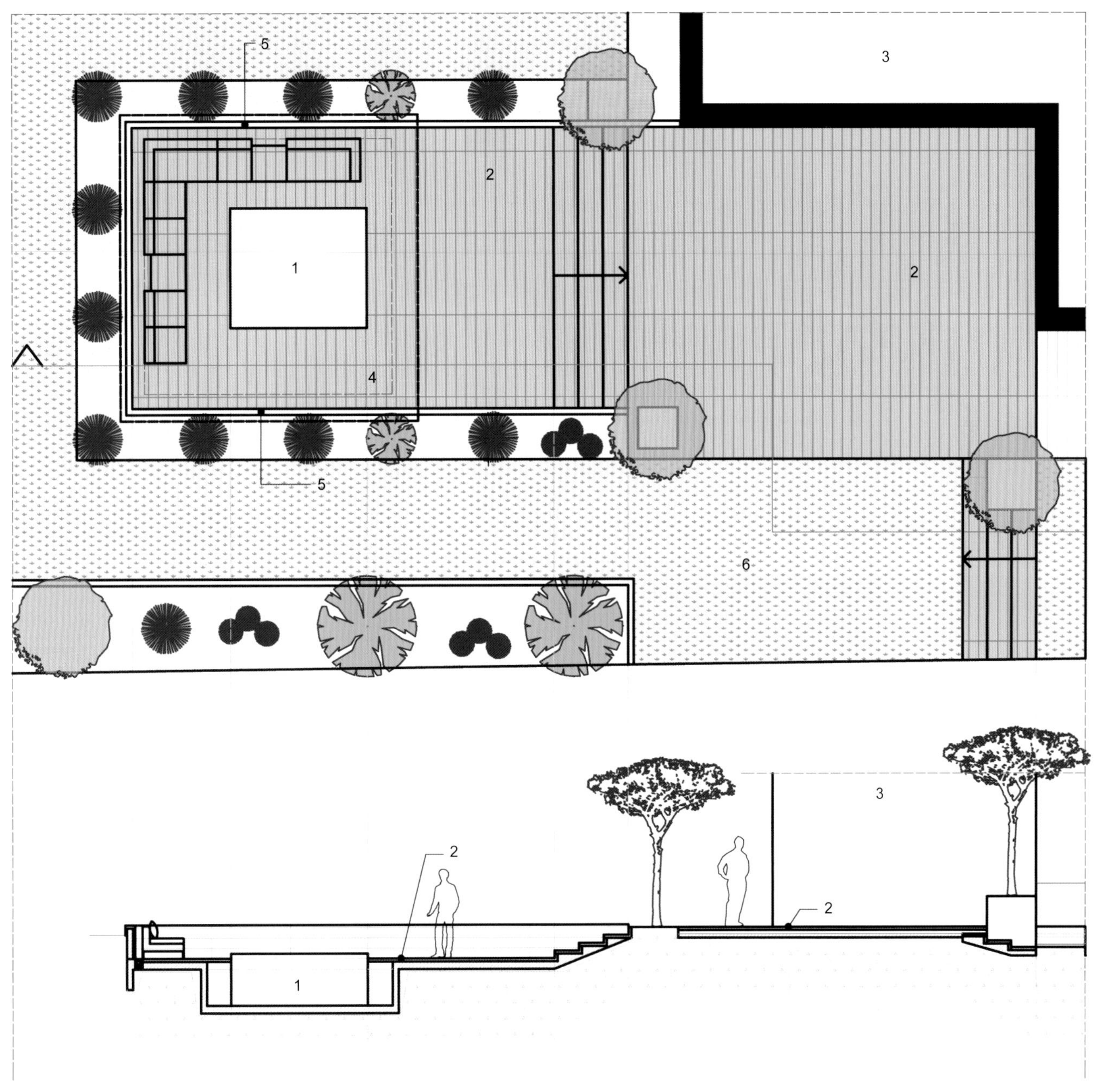


平面图和剖面图

1. 按摩浴缸
2. 木板露台
3. 建筑
4. 凉亭
5. 挡土墙
6. 草坪

# 都市垂直花园

## ( URBAN VERTICAL GARDEN )

西班牙穆尔西亚

**景观设计：**都市景观
**摄影：**© 都市景观

这座花园位于穆尔西亚市中心某私家屋顶的露台上，面积仅50m$^2$，却种植了20个品种的1500多株植物。这个垂直生态系统分布于两面不同朝向的墙体上。鉴于花园形状，许多角落难以触及，该项目最大的挑战在于浇灌系统的设计。

这片角落有木墙和丰富的藤蔓植物，既有助于放松身心，也是围桌享受美好时光的漂亮背景。

# 在马德里的天空下

（UNDER MADRID'S SKY）

西班牙马德里

**景观设计：**枫香树

**摄影：** © 枫香树

这片位于马德里市中心的露台在天空之下、屋顶烟囱之间。灰色地面铺设部分抬高，提供舒适、宽敞的休憩区域。白天和夜晚均可在较软处躺下休息、晒日光浴或观星。在金属结构上铺复合材料形成流畅感，并铺有摆放桌椅的平整地面。露台原有表面依然保留在这个新结构下，斜坡、天沟和排水口却被隐藏起来了。

座椅区设有竹子和格子架组成的屏风，提供了一片能够在阳光下享用早、午餐的私密户外空间。

竹子挺拔，笔直的竹竿与水平的格子架并置形成横向与纵向的鲜明对比。

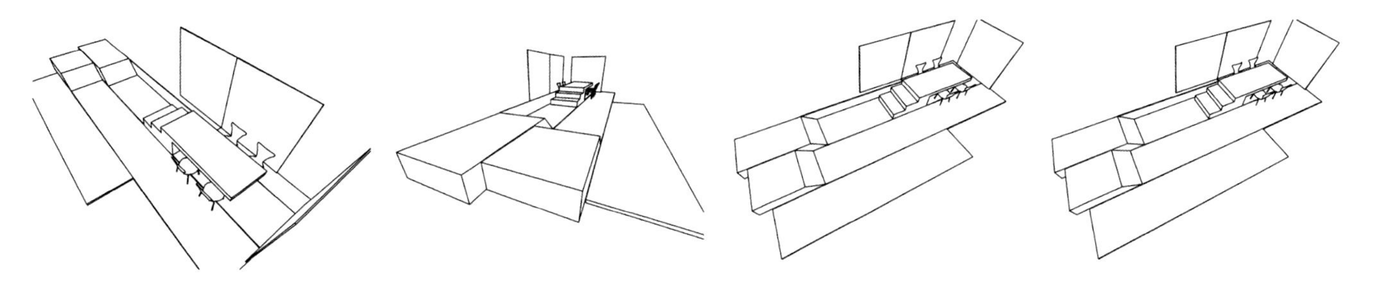

透视图

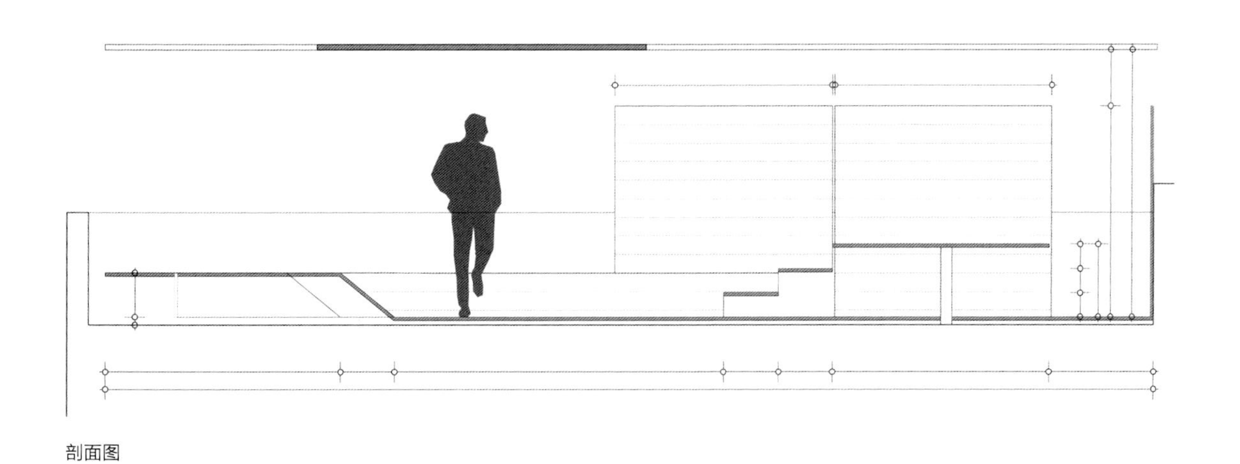

剖面图

休闲区

1. 百子莲
2. 南天竹
3. 麻兰
4. 黄槽竹

# 小小的绿色宝藏

（A SMALL GREEN TREASURE）

西班牙马德里

**景观设计：**景观设计家——有灵魂的花园
**摄影：** © 莫妮克 · 布里奥内斯

在绿色空间不多的大都市中心，这片位于建筑地面层的院落四周环绕着绿色垂直花园，打造了一片荒漠绿洲，让我们恍若远离尘嚣。地面覆盖人工草坪，铺设重蚁木甲板，为空间增添意趣，让空间显得更宽敞，并将用餐和起居两个功能区分开。院中还有一处壁式喷泉，涓涓细流掩去城市的嘈杂，让人心旷神怡。

家具在这片小空间中扮演着重要角色，垂直栽种使得后面的背景墙铺满了丰富多彩的植物。

沙发、柯尔顿钢桌子和印茄木高脚凳与甲板相结合，彰显高品质，也增添了一丝现代气息。

平面图

# 圣彼得罗尼奥露台

（TERRACE SAN PETRONIO）

意大利博洛尼亚

**景观设计：** 马尔西利实验室
**摄影：** © 马尔西利实验室

该项目位于博洛尼亚的历史中心。这座露台坐拥圣彼得罗尼奥教堂的震撼美景，其设计语言和选择在很大程度上受到了教堂这一突出城市地标的影响，形成一处能够直接与城市对话、却又将开放区与私密区分隔开来的空间。该露台分为两层，上层设有凉亭，为一片配有家具的区域提供遮蔽，使其充分发挥功能。下层设L形柯尔顿钢花槽，将院子入口处的起居区域隔入住宅的私密区域，与暴露区域分隔开。

这些砾石铺面上的大花桶不仅样式美观，浇灌也很方便。

配置大件家具的露台与体量庞大的教堂相呼应，令人叹为观止。

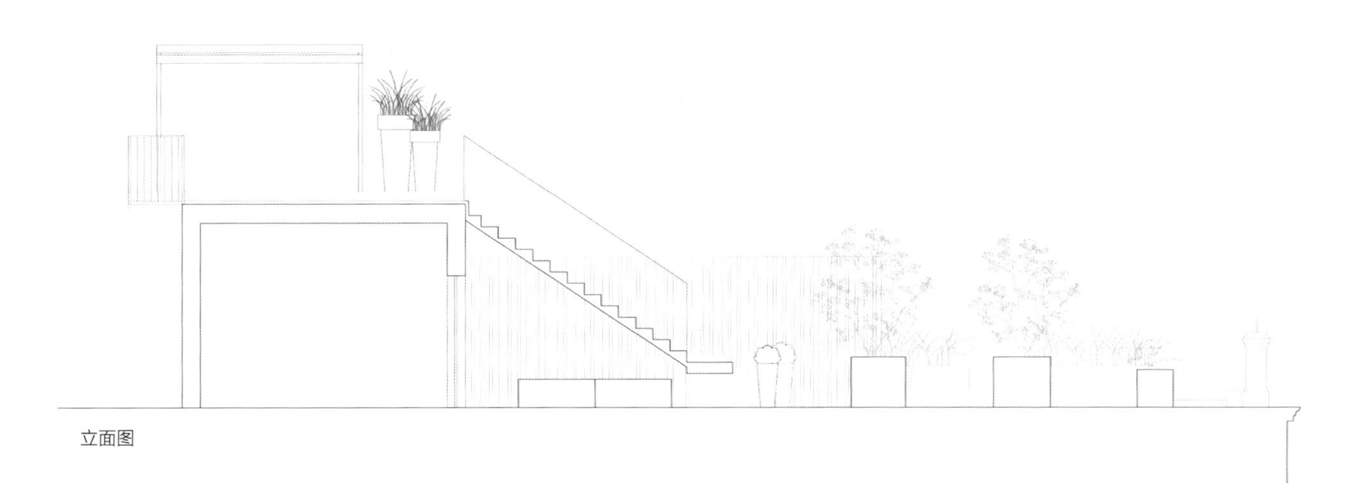

立面图

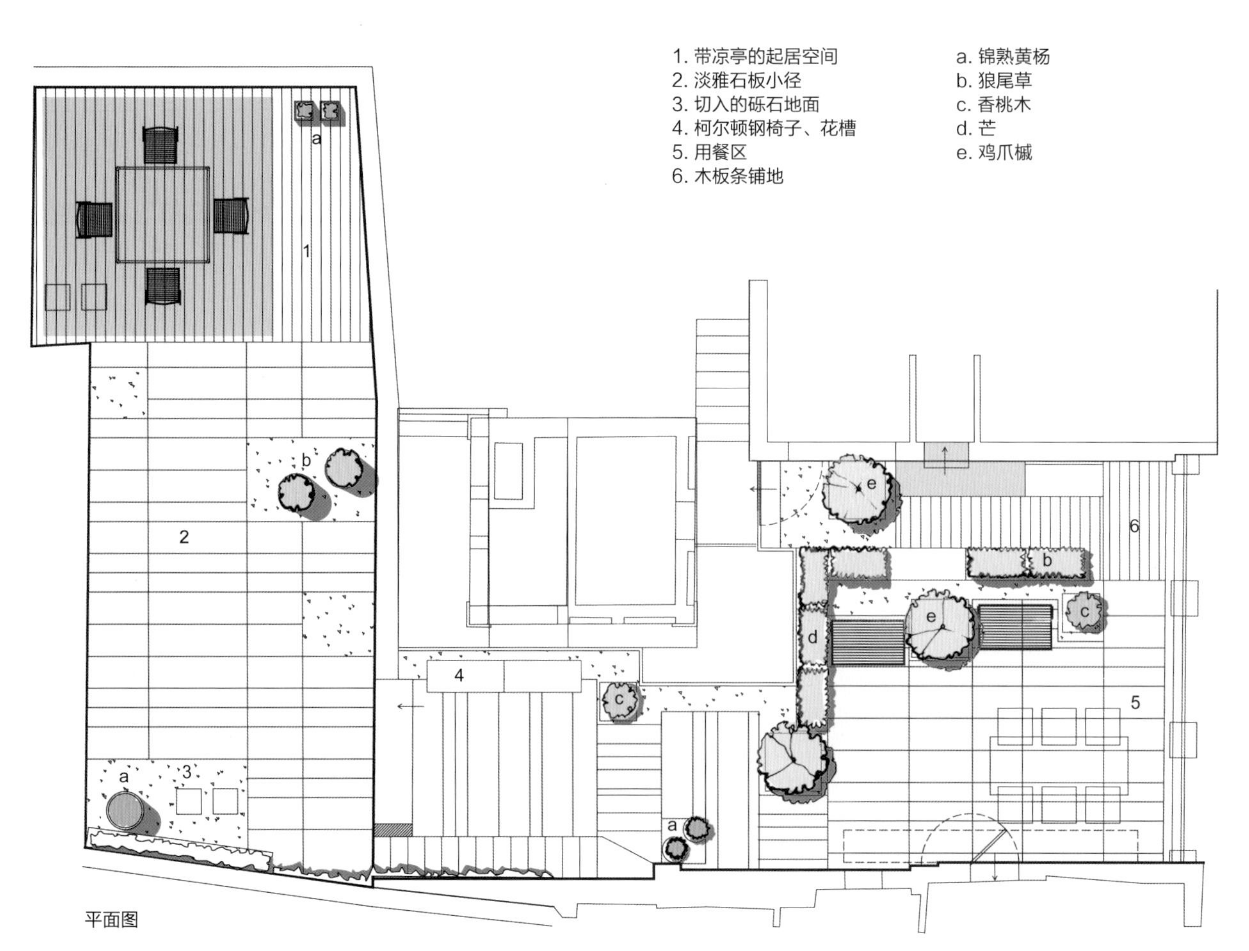

1. 带凉亭的起居空间
2. 淡雅石板小径
3. 切入的砾石地面
4. 柯尔顿钢椅子、花槽
5. 用餐区
6. 木板条铺地
a. 锦熟黄杨
b. 狼尾草
c. 香桃木
d. 芒
e. 鸡爪槭


平面图

# 都市绿洲

（URBAN OASIS）

英国伦敦

**景观设计：** 芭芭拉·萨米铁尔景观&花园设计

**摄影：** © 芭芭拉·萨米铁尔

这座小花园位于工作室和主人的居所之间。主人都是平面设计师，他们既喜爱20世纪中叶的设计风格，也喜爱大自然，喜欢散步。他们很爱曾经多次造访的日本，于是便从日式庭院中汲取设计灵感，但最终成果并非典型的日式庭院，只是遵循了一些设计原则。日式庭院往往会使用苔藓、水流和光滑的石头，引导人们缓慢通行、静心沉思。此处设计了两条小径：第一条是根据需求设计出的直道，从主屋径直通往书房；第二条则是窄道，周围栽满了观赏性很强的植物。

第二条小径是“景观小道”，布置巧妙的植物及其质感让人不禁驻足观看。它会给人留下这样的印象：花园很大，要花很久才能看个遍。

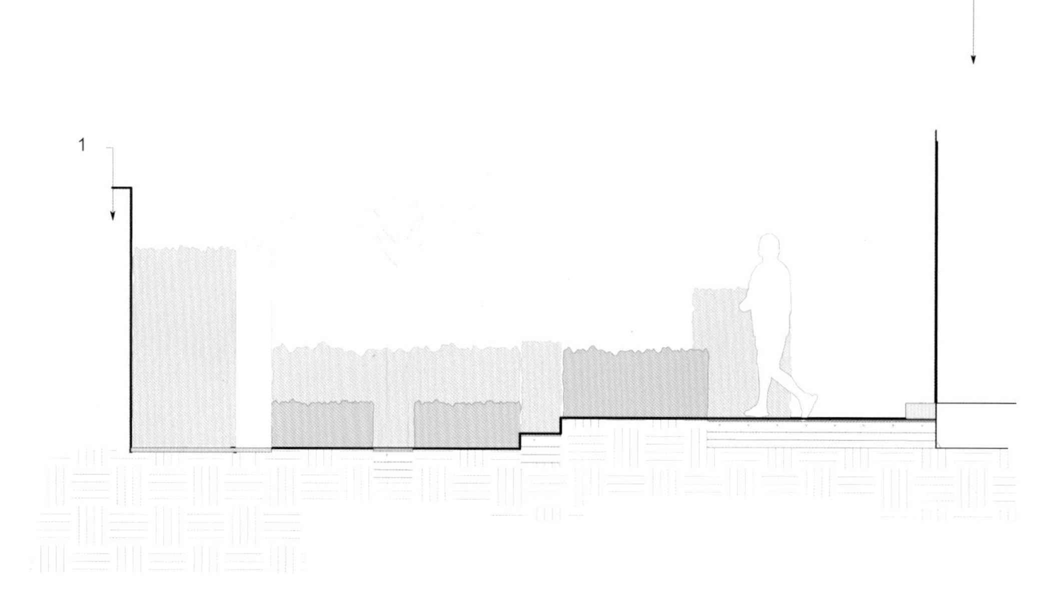


1. 原有花园办公室
2. 原有房屋

立面剖面图

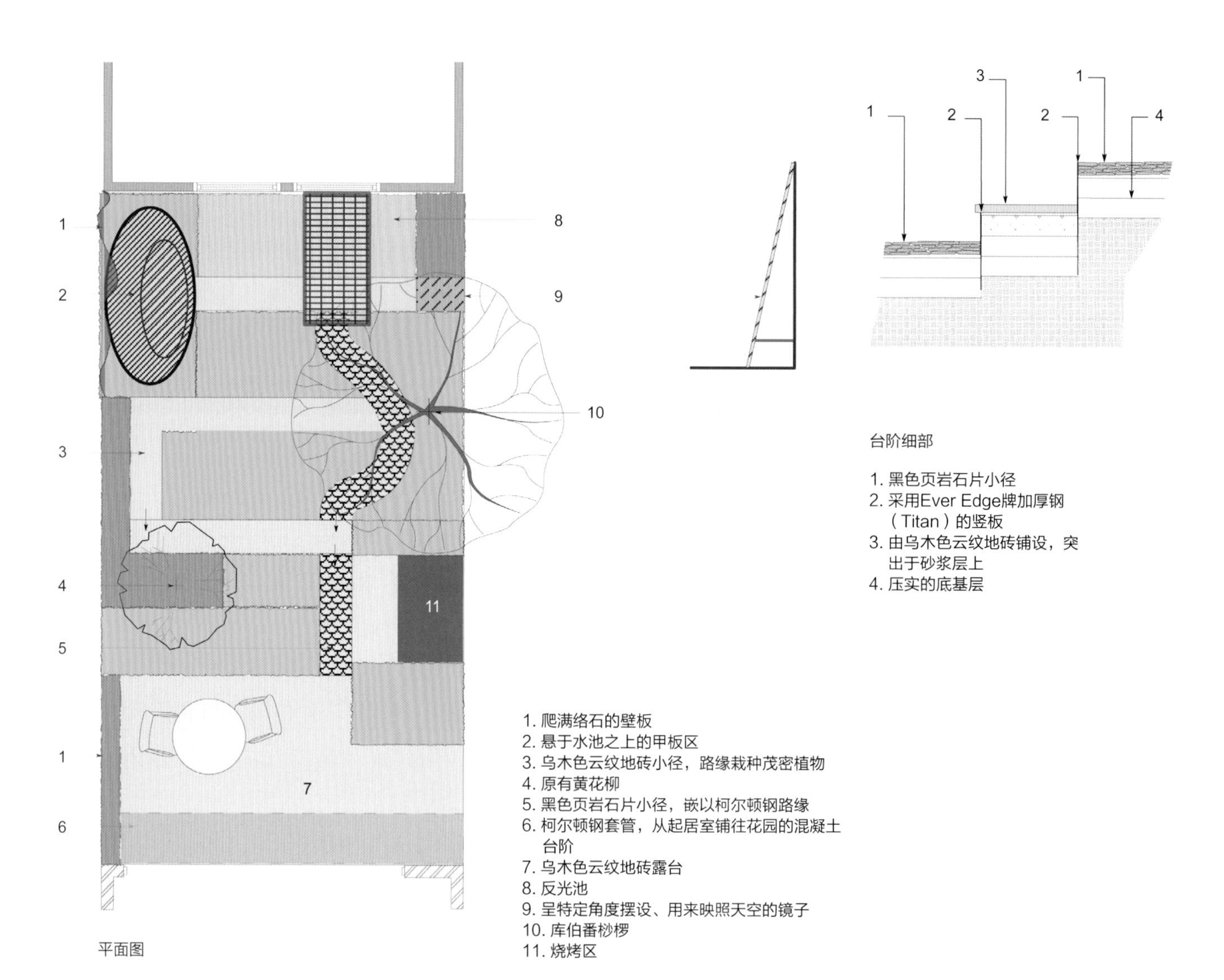


台阶细部

1. 黑色页岩石片小径
2. 采用Ever Edge牌加厚钢（Titan）的竖板
3. 由乌木色云纹地砖铺设，突出于砂浆层上
4. 压实的底基层

平面图

1. 爬满络石的壁板
2. 悬于水池之上的甲板区
3. 乌木色云纹地砖小径，路缘栽种茂密植物
4. 原有黄花柳
5. 黑色页岩石片小径，嵌以柯尔顿钢路缘
6. 柯尔顿钢套管，从起居室铺往花园的混凝土台阶
7. 乌木色云纹地砖露台
8. 反光池
9. 呈特定角度摆设、用来映照天空的镜子
10. 库伯番桫椤
11. 烧烤区

# 电报山

（TELEGRAPH HILL）

美国加利福尼亚州旧金山

**建筑设计：**费尔德曼建筑事务所

**景观设计：**弗洛拉·格拉布花园（Flora Grubb Gardens）的克拉克·德·莫尔奈（Clarke de Mornay）

**摄影：**© 乔·弗莱彻

对这栋建筑的改造包括用灰色石灰岩覆盖沿街的外立面，并绕窗户和烹饪区修建框架。顶部拆除了一部分，腾出空间修建玻璃平台，让上层整体沐浴在白天的阳光中。这片平台既可以俯瞰城市的美景，也可以享受壁炉的温暖，还可以在户外用餐。

有了收缩遮篷，露台一年四季皆可享用。由于墙体都安装了玻璃，打开遮篷，会让人瞬间感觉置身户外。

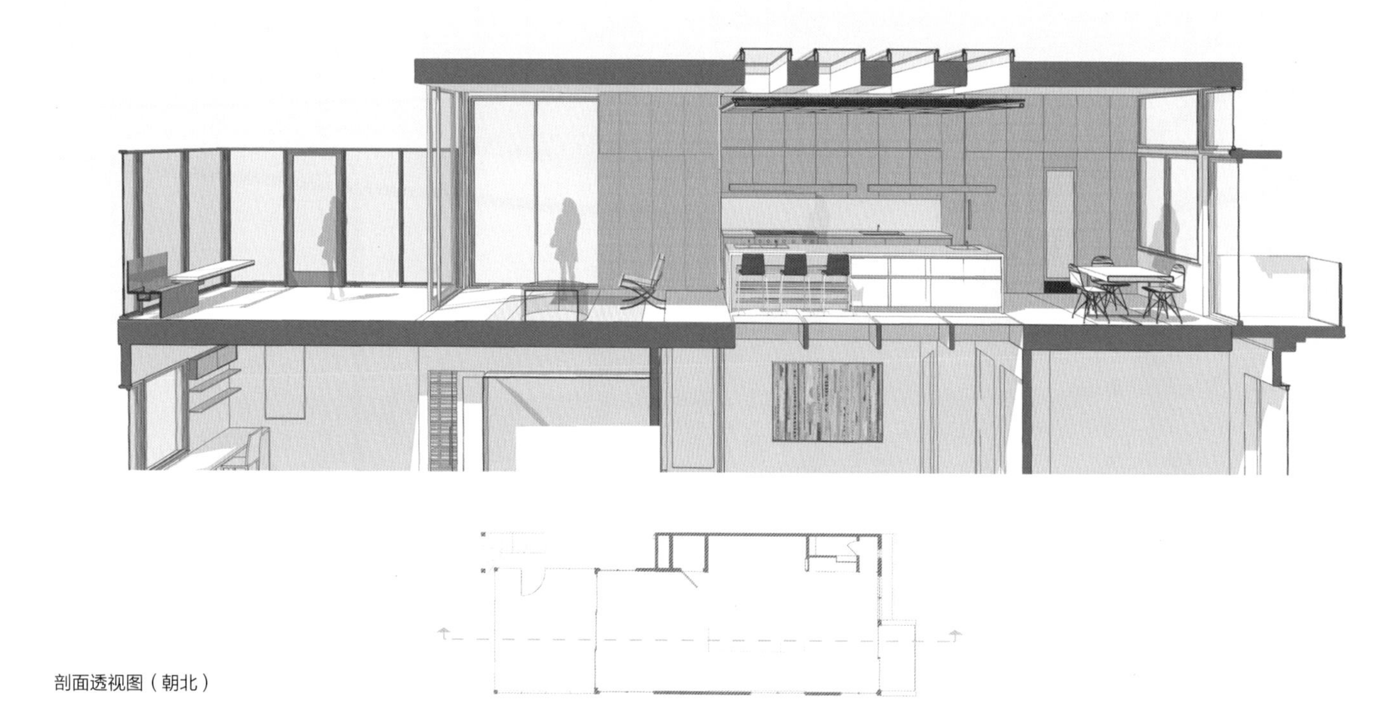

剖面透视图（朝北）

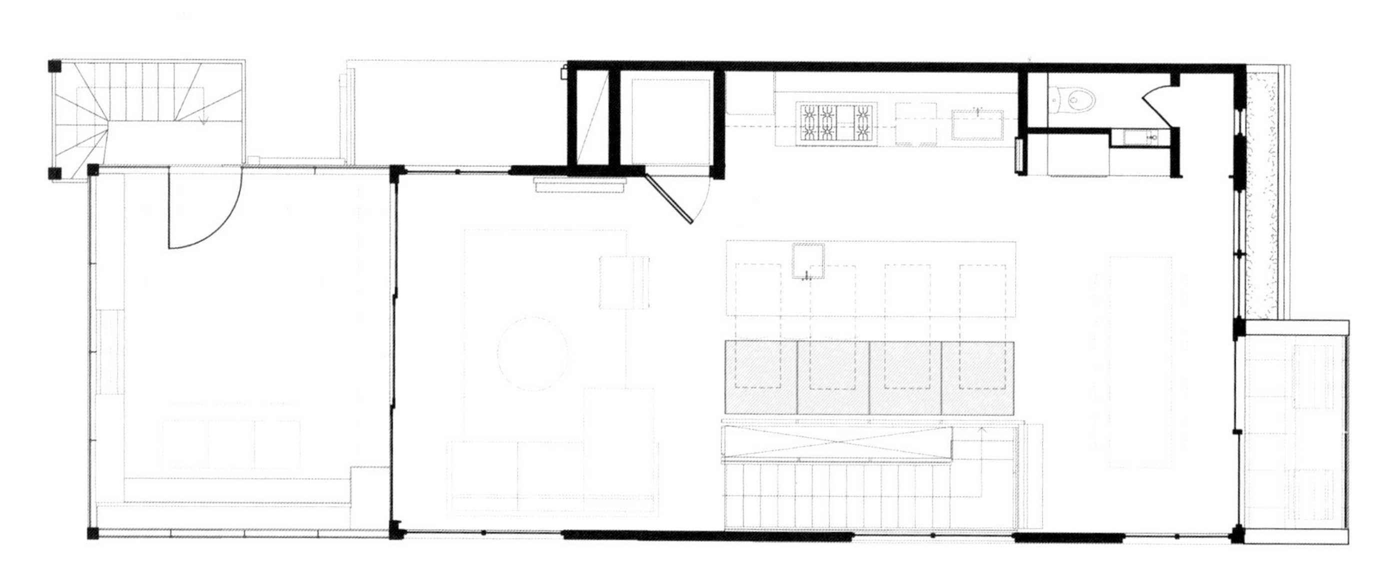

顶层平面图

# 在林中

## (IN THE MIDDLE OF THE WOODS)

西班牙圣塞巴斯蒂安

**景观设计：** 绿色居所
**摄影：** © 绿色居所

这片露台正对环绕住宅的落叶林。设计师沿着露台边缘融入了线形花槽。这些高低错落的植物隐藏了露台边缘，将森林接入这片空间的内景中。花槽形成的线条不时被打断，空出眺望处。植物还掩饰了大烟囱口和安全护栏等不美观的元素。

外围横向的木墙好像是从花槽和瞭望处生长出来的，形成连续感，赋予这片空间一丝暖意。

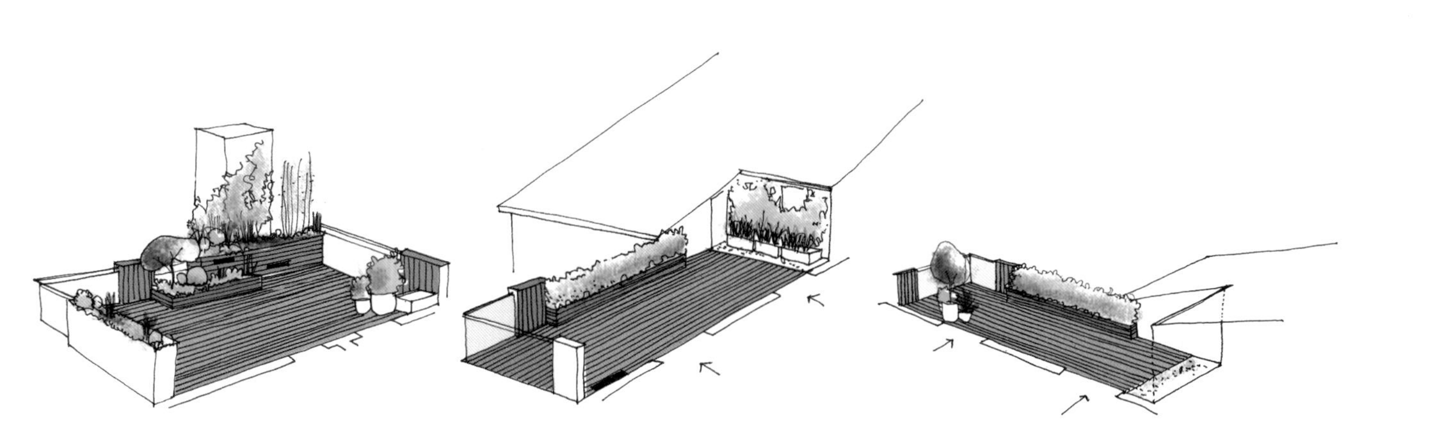

透视图

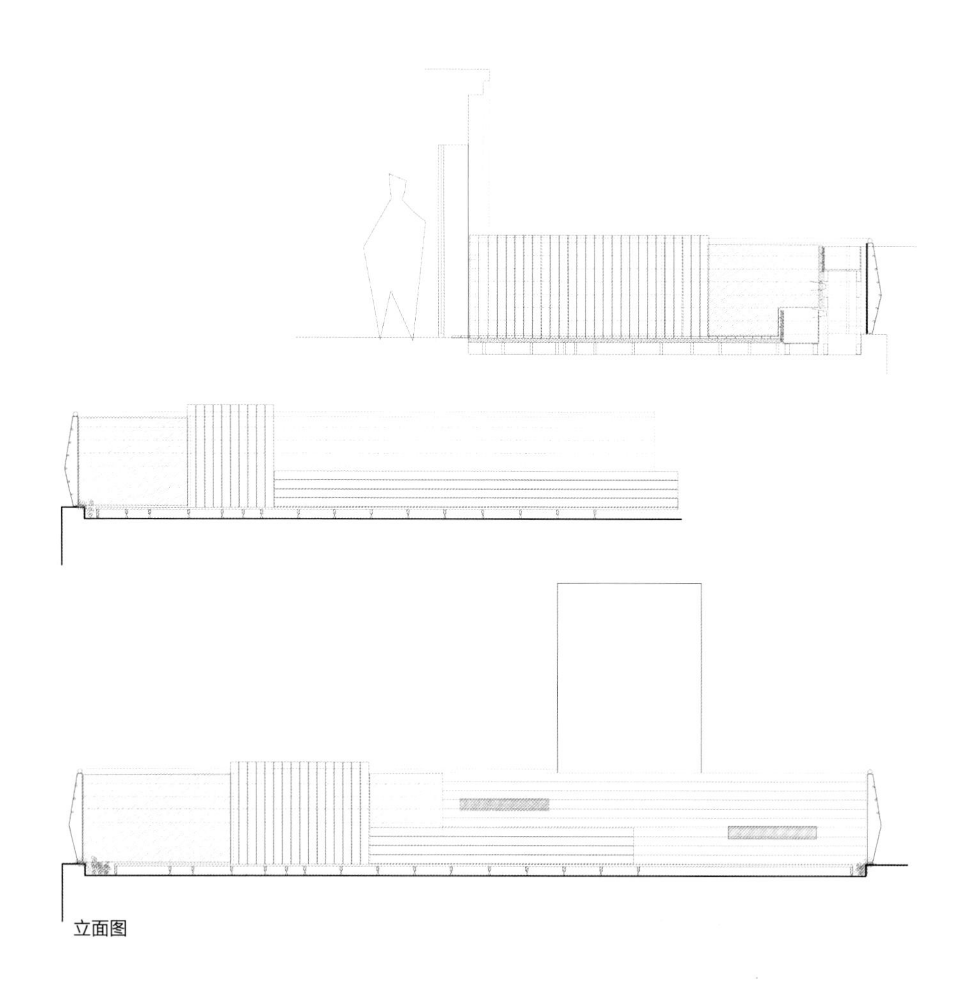

立面图

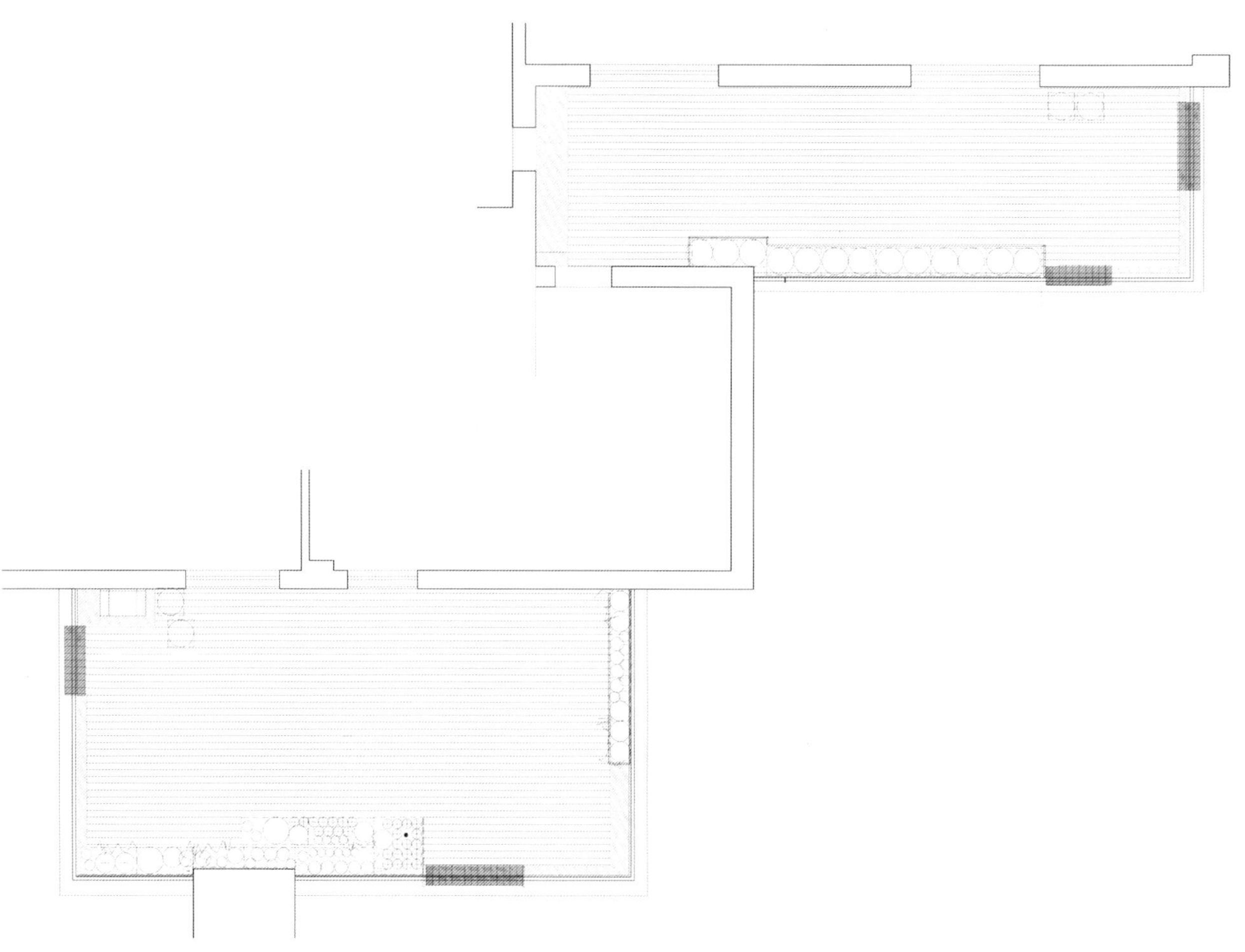

平面图

露台栽有各类植物，以整齐的绿色为背景，引入不同颜色的植物，让花园更加丰富，其中包括薰衣草、铁线莲、迷迭香和荚蒾等。

# 自然之声

（SOUNDS OF NATURE）

西班牙马德里阿尔科本达斯

**景观设计：** 枫香树

**摄影：** © 枫香树

尽管这个院落不大，却很精致。组织有序的简洁线条设计将大自然的精华引入其中。院中地面铺设的一片黑色卵石之上栽种了一排白桦树，黑石与白桦树干相映成趣。一汪静水置于黑色内壁的小水池中，映照出周围的空间，与小瀑布注入池中的涓涓细流形成对比，悦耳的自然之声近在耳畔。

植物带、白桦树搭配修剪造型的黄杨，形成棋盘效果。百子莲点缀了一抹优雅的蓝紫色。

透视图

以带纹理的马卡埃尔（Macael）大理石制成的大块方形瓷砖铺出一片可摆放长凳或桌子的平整表面。水池内部为近乎黑色的深色玄武岩。

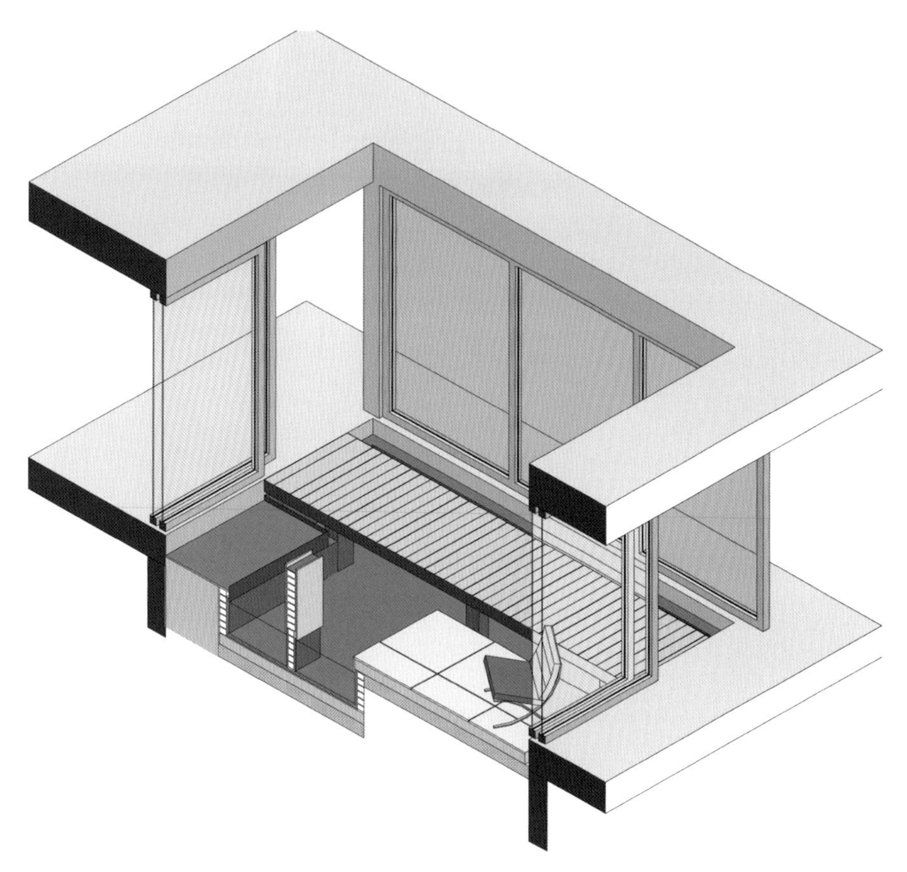

结构剖面图

平面图

# 现代都市露台

(MODERN URBAN TERRACE)

西班牙马德里

**景观设计：**绿色居所
**摄影：**© 绿色居所

这片露台的设计方案从一开始便清晰明了：住宅将出租给商务人士，最适宜打造成优雅、精致、实用，且容易维护的都市空间。因此，露台以泥瓦工程为主。

灰瓷砖地面与包裹露台的人造木材结合，围出种植区和立面，避免外界的视线。两个大花盆里栽有修剪成不同形状的橄榄树，为露台内部增添丰富的视觉效果，亮色点缀仅来自鲜艳的家具。

中央的高台从视觉上对露台空间有分割作用，将露台分成两个区域：起居空间和阳光露台。

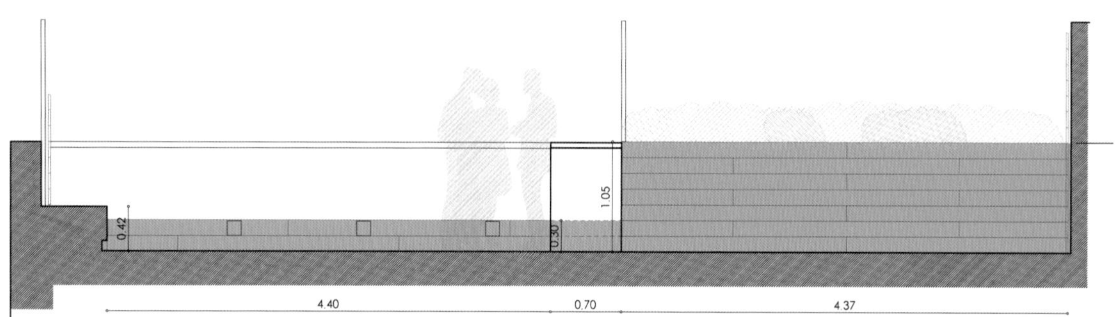


剖面图

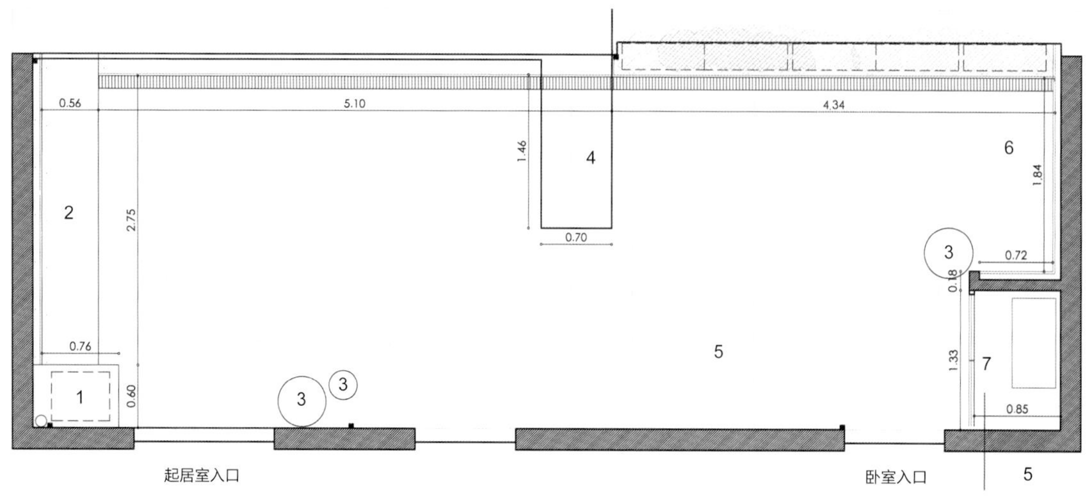


1. 种植容器
2. 长凳
3. 花盆
4. 高台
5. 日光浴区
6. 淋浴区
7. 储物室

（单位：m）

平面图

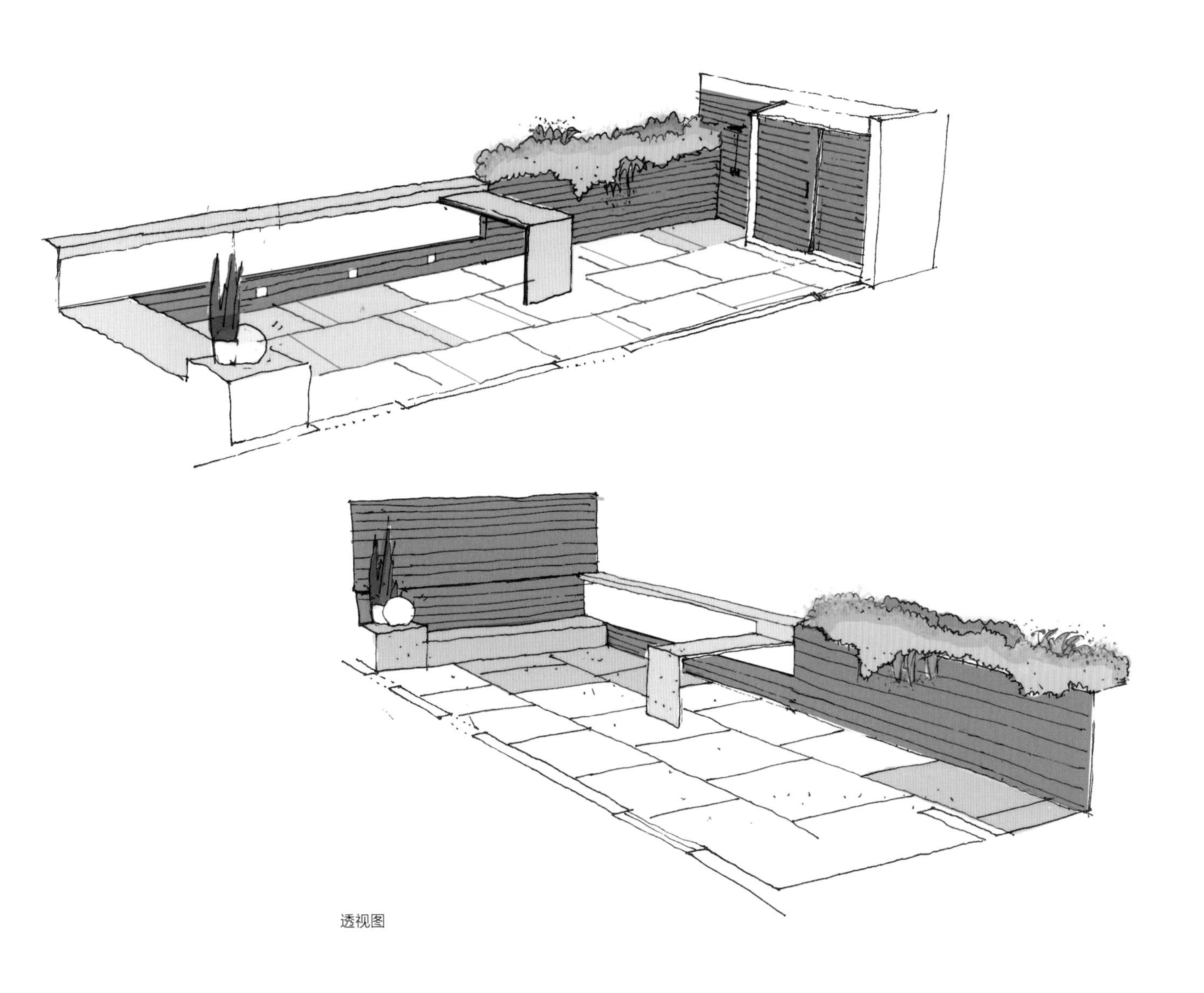

透视图

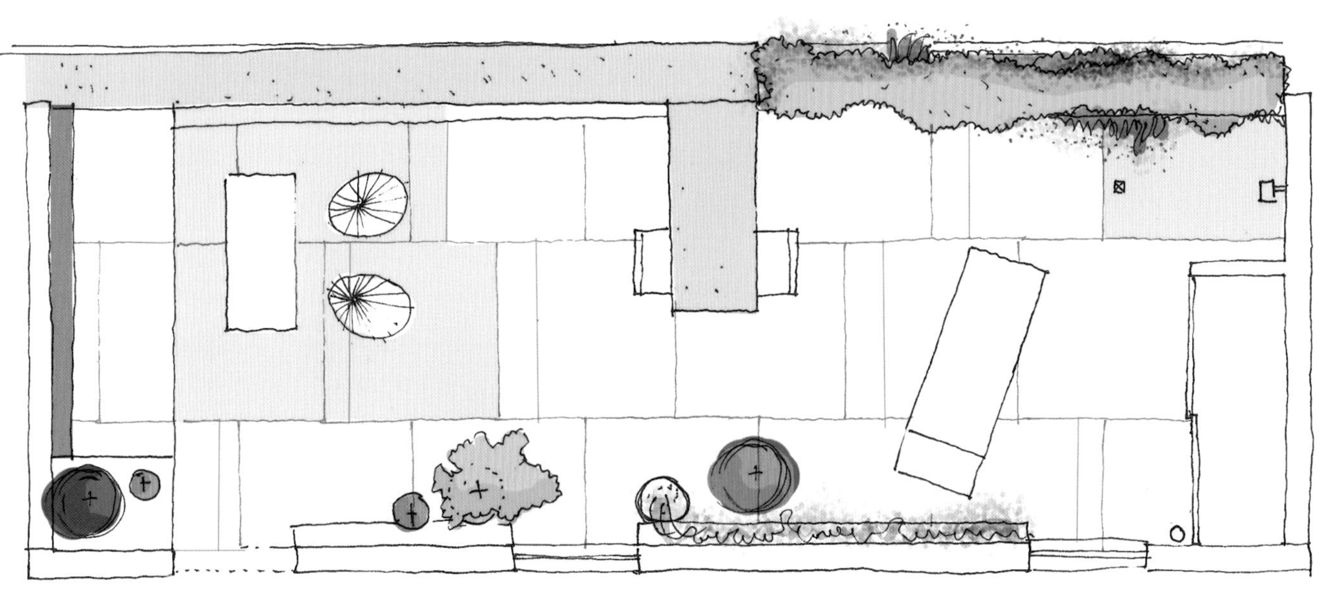

平面草图

# 萨索洛花园

## （GARDEN SASSUOLO）

意大利萨索洛

**建筑设计：** 恩里科·亚斯科内建筑事务所（Enrico Iascone Architetti）
**景观设计：** 马尔西利实验室
**摄影：** © 达妮埃莱·多梅尼卡利（Daniele Domenicali）

这座花园的设计取决于两点：其一，建筑外表使用了深色超薄陶瓷板；其二，建筑棱角分明，装有大窗户。该景观项目的两座花园被视为一个整体进行设计，依建筑走向展开，使用了所谓的“建筑植物”。花园中有两个典型的居住空间：一个为起居室，另一个为被两级柯尔顿钢阶梯从地面托起的菜地。

修剪成球状的树篱及所在区域呈弧线形边缘、落在斜面上的石球，与立面的笔直线条形成对比，呈现出有趣的体积和形状混搭。

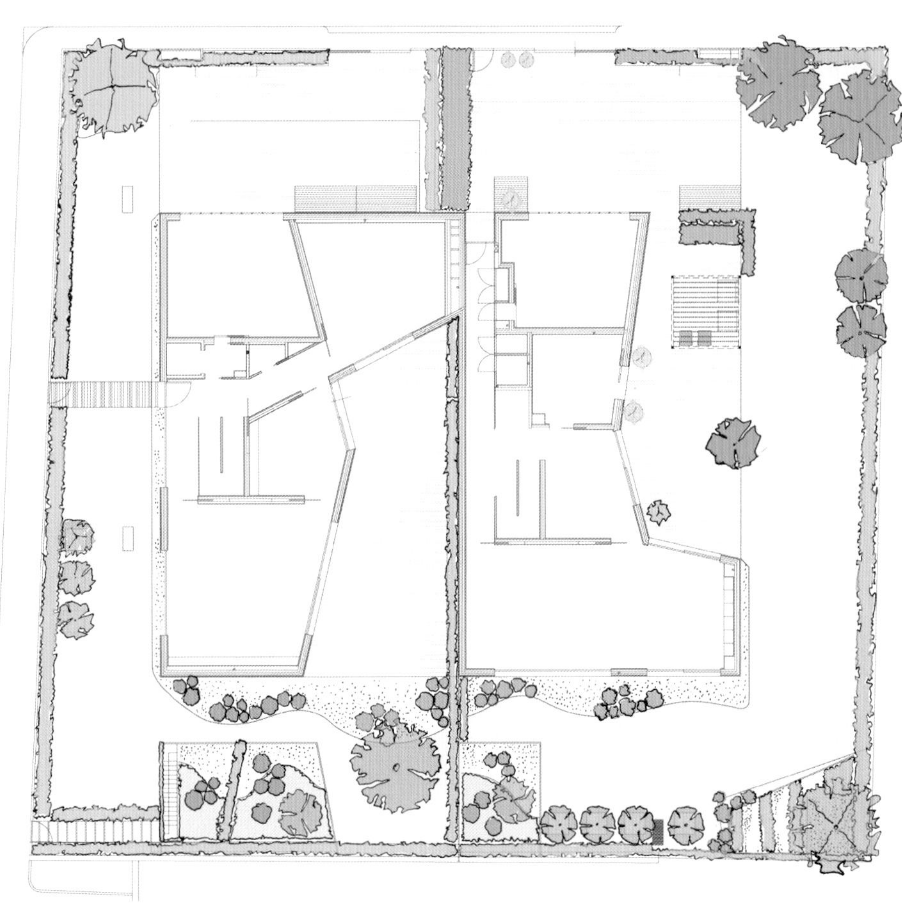

平面图

上层阳台铺设木甲板，安装无框玻璃护栏，让人从屋内也可以自由观景。

# 隐秘绿洲

（HIDDEN OASIS）

西班牙塞维利亚乌特雷拉

**景观设计：** Xeriland

**摄影：** © 玛塔 · 蒙托亚（Marta Montoya）、莫妮卡 · 马希斯特（Mónica Magister）

这座庭院位于乌特雷拉市中心，由植物及横向、纵向墙面使用的其他材料而展示出惊艳的明亮色彩。此外，庭院中还有棕榈树、喷泉的水声和池中瀑布的水花，这个空间俨然成了一片都市绿洲，为炎炎夏日带来丝丝清凉。该庭院改造项目致力于打造出一片以常绿植物为焦点的可持续、易维护的动感花园空间。

植物靠两侧墙壁相对栽种。右侧土堆栽种有两组高度不同的金山葵，还点缀有百子莲与鹤望兰属植物。

水池边的区域栽种的是容易打理的植物，如高低错落的华烛麒麟和惊艳的紫竹梅。

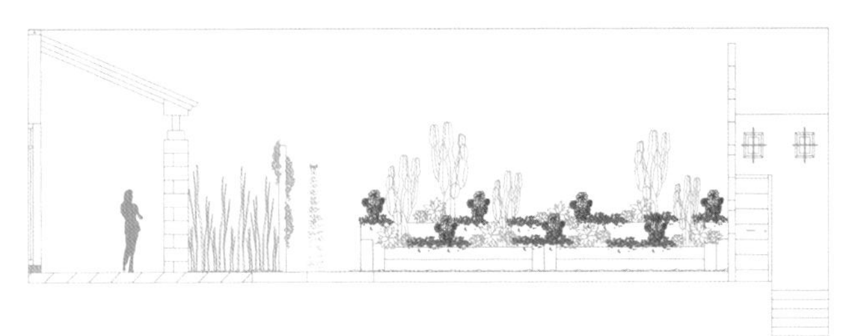
东北立面图

东南立面图

西南立面图

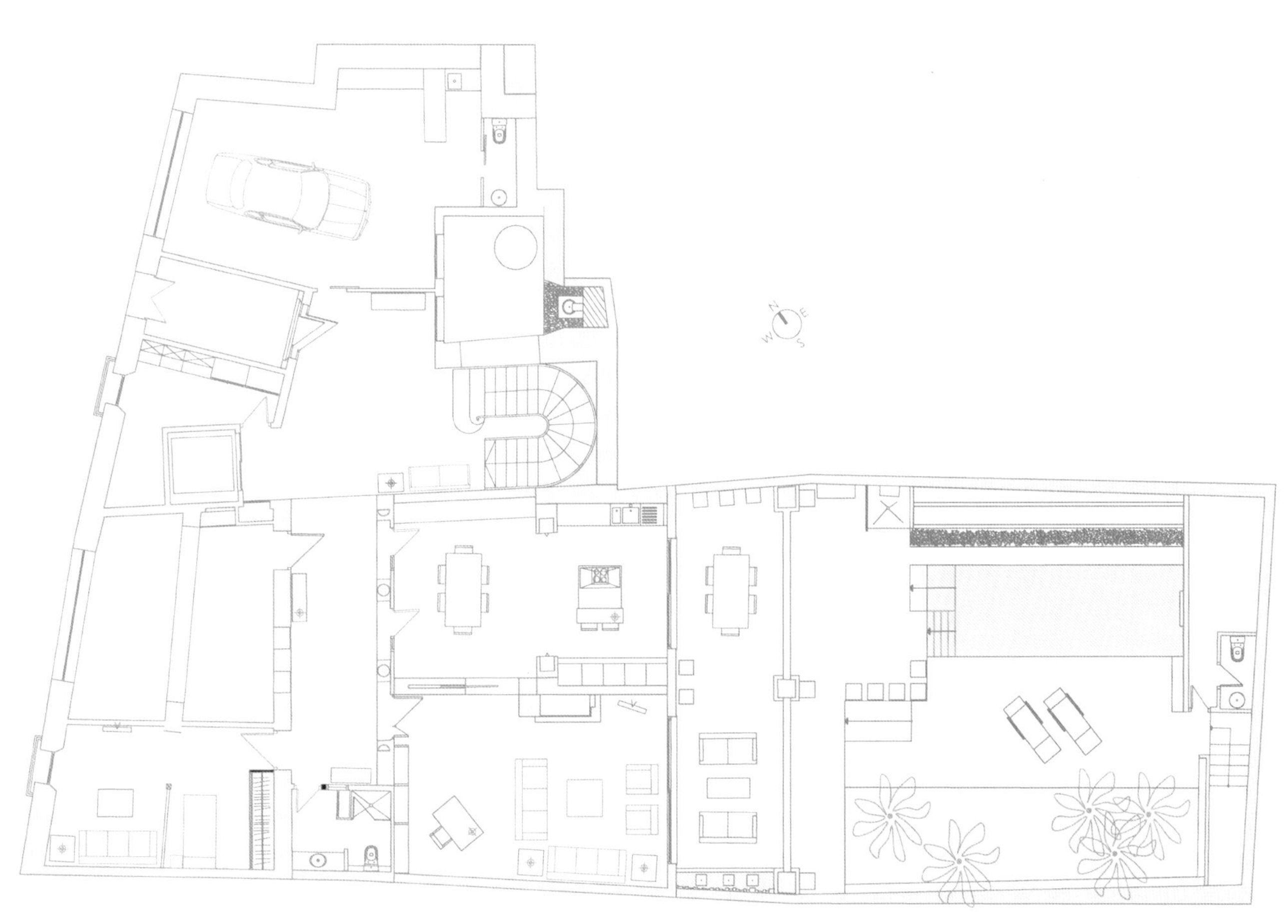
平面图

# 屋顶砾石花园

（GRAVEL GARDEN ON THE ROOF）

奥地利维也纳

**景观设计：** 3:0景观设计

**摄影：** © 赫塔 · 胡诺斯（Hertha Hurnaus）

这座花园分为两部分，以屋顶平台植物为出发点展开设计，坐拥城市美景。设计特色为尼罗牌（Nirosteel）特种钢打造的植物岛，它们看起来像是从玄武岩砾石铺层中冒出来的，舒展成四季不断、色彩斑斓的花朵。

一片用黑色天然石材铺砌的露台与砾石区相接。一系列栽种了不同香草和其他植物的暗色直边花槽挨着蛋白色玻璃护栏摆放，与植物岛构成的曲线一起打造出了颇有意趣的几何形状。

红色的攀缘植物为这座以中性色为主的住宅增添了些许生机和色彩。

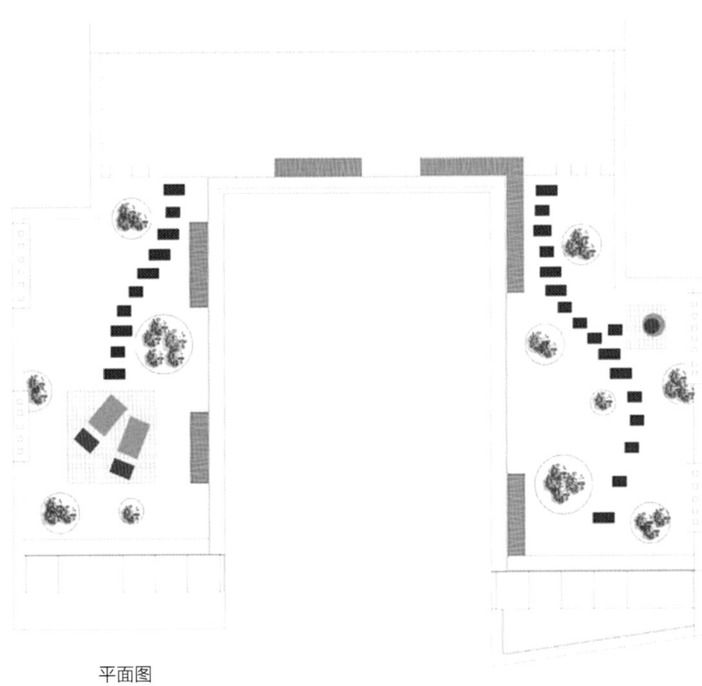

平面图

# 橄榄树庭院

（OLIVE TREE COURTYARD）

西班牙梅里达

**建筑设计：**安赫尔 · 门德斯建筑+景观
**摄影：**© 安赫尔 · 门德斯

这栋住宅的中庭被改造成了户外门厅。它将结构元素的戏剧风格和力量结合在了一起，能够清晰地阐释空间与当代建筑的完美对话。该项目的设计原则十分明确，以维护成本较低的地中海庭院为蓝本，将花园设为建筑的背景，在避免喧宾夺主的前提下进一步美化住宅。庭院中一株盆景式的橄榄树因其雕塑般的外形而被选中，这棵树从门外和起居室都能看见，来访者都赞叹不绝。

简明利落的构图：一些石块、一片黄杨灌木丛和一些百子莲。这种简洁突出了背景中覆有钙华大理石的惊艳立面。

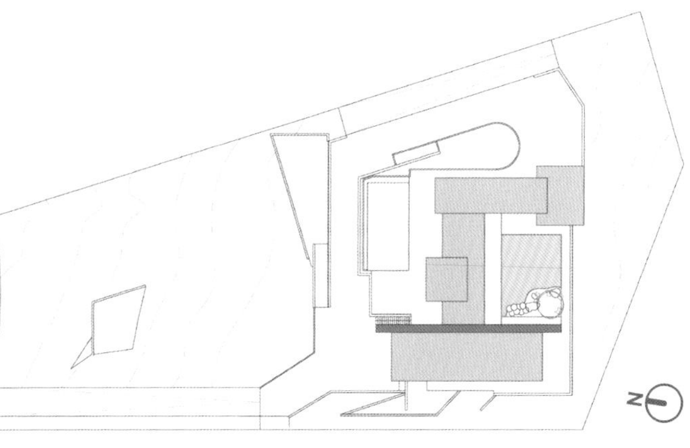


平面图

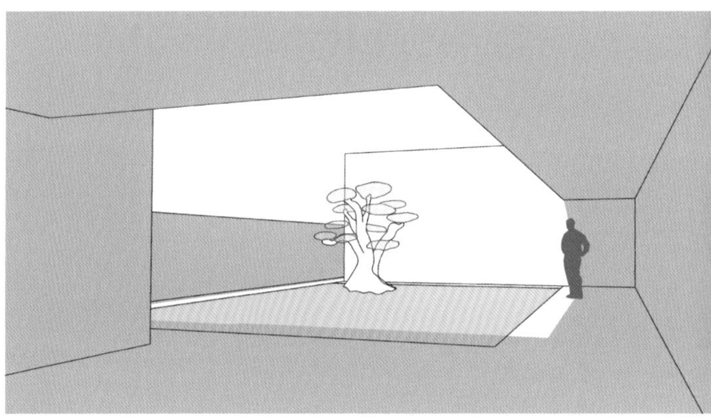

轴测图

# 杜马公寓

（DUMAS）

墨西哥墨西哥城

**景观设计：** Hábitas
**摄影：** © 基卡 · 谢拉

这栋美丽的公寓住宅需要优雅、平衡、易维护的设计。入口处有一片绿色区域——分为三部分，为露台留出行走空间——石刁柏从石间冒出来，四周环绕香气四溢的薰衣草。一些紫锦木灌木点缀在一片绿色中。屋顶露台的施工经过了严密的计算，确保可以承受栽种装饰树的大容器。

屋顶上的钢制花槽和砌制花槽活泼地组合在一起，栽有日本番石榴、枇杷树以及丁香、景天和鸢尾属植物等。

作为水体生态系统的水池由钢板制成，配有形成小瀑布水景的循环系统。除了可制氧的水生植物之外，里面还有金鱼、帆鳉和虹鳉。

DUMAS

草图

花槽

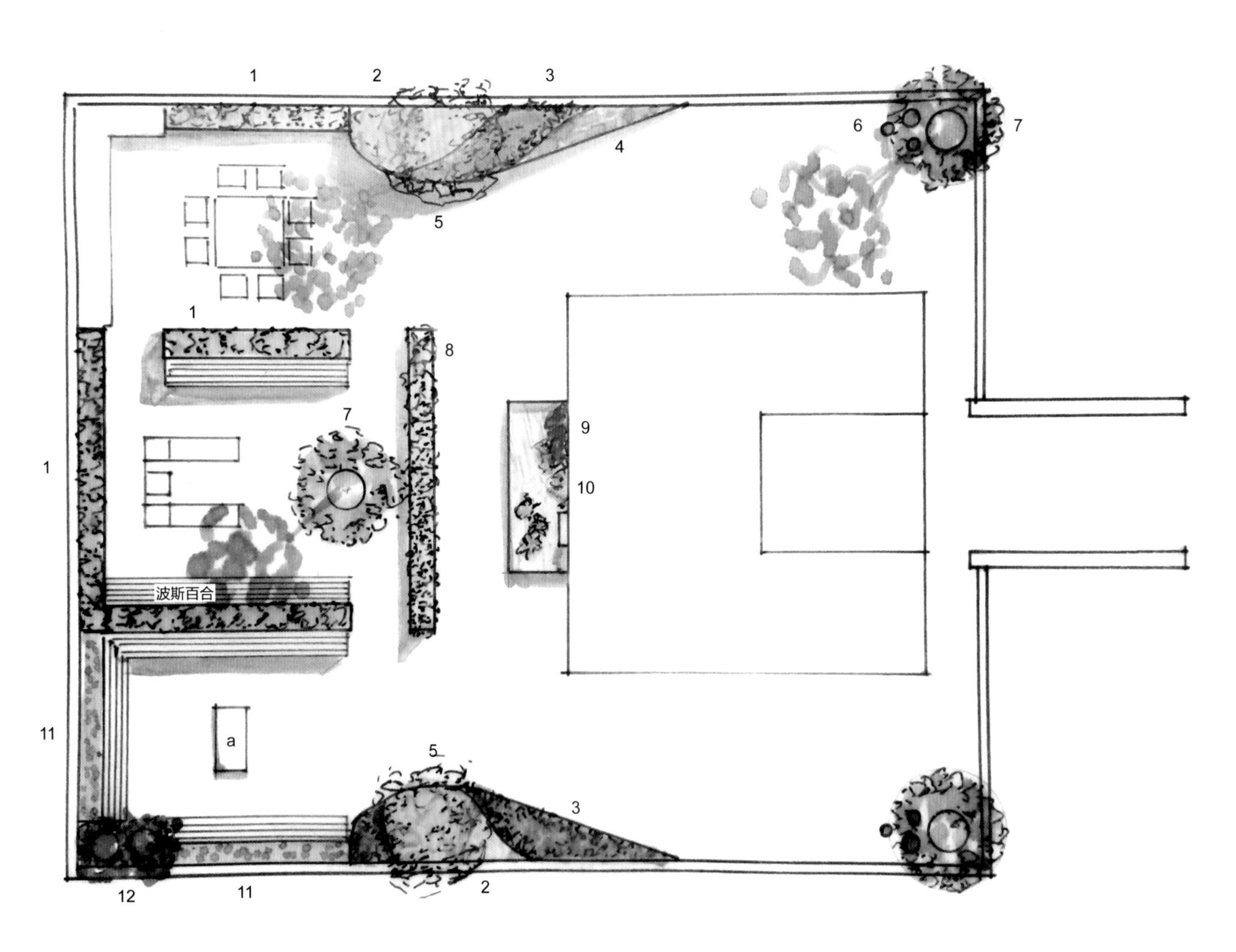


屋顶平面草图

1. 波斯百合
2. 矮生海桐
3. 阔叶山麦冬
4. 松叶景天
5. 日本番石榴
6. 墨西哥灌木鼠尾草
7. 欧楂
8. 石刁柏
9. 芋头
10. 睡莲
11. 木贼
12. 樱桃李

a. 烤火盘

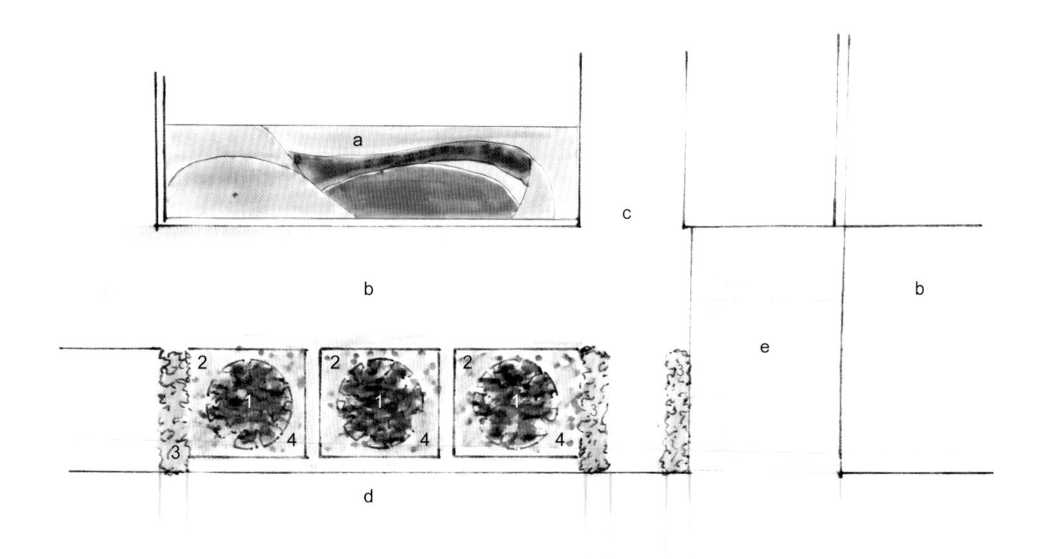


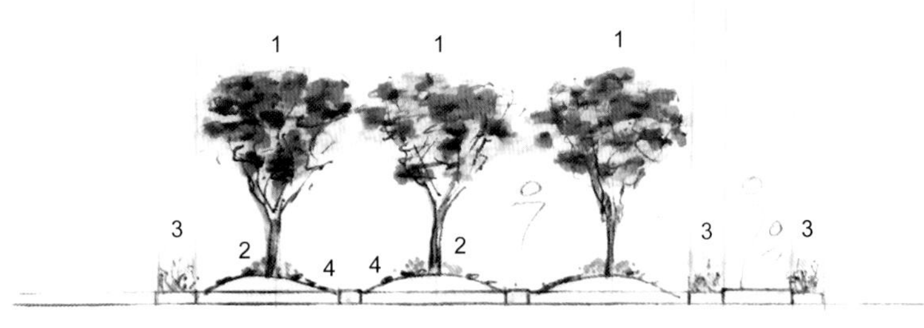


人行道草图

1. 紫锦木
2. 石刁柏
3. 薰衣草
4. 石板

a. 地下室绿色屋顶
b. 人行道
c. 入口
d. 街道
e. 由此向下通往停车场

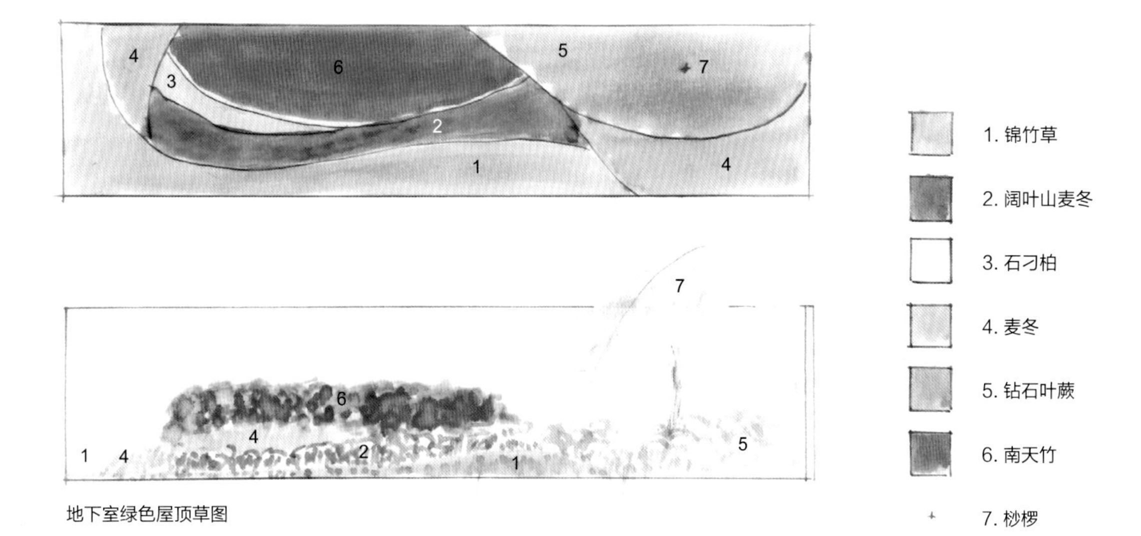


地下室绿色屋顶草图

# 塞维利亚的色彩

## （COLOURS OF SEVILLE）

西班牙塞维利亚

**景观设计：** Xeriland

**摄影：** © 莫妮卡 · 马希斯特

客户希望通过翻修将传统的塞维利亚庭院改为多姿多彩的现代空间，并加入水景元素为炎炎夏日带来凉爽感。

设计师选择打破传统的对称性设计，追求动感：重蚁木地板朝不同方向铺设，中间插入白色砾石带，栽种着高低错落的植物的陶土盆和砌制花槽分布于四周。喷泉的水流带来放松的氛围，角落处的莲蓬头也让这种气氛更明显。

家具选用了橘色和桃红等亮色，令空间显得明快活泼。

庭院中使用了此处现存的植物品种，并增添了竹子盆栽。

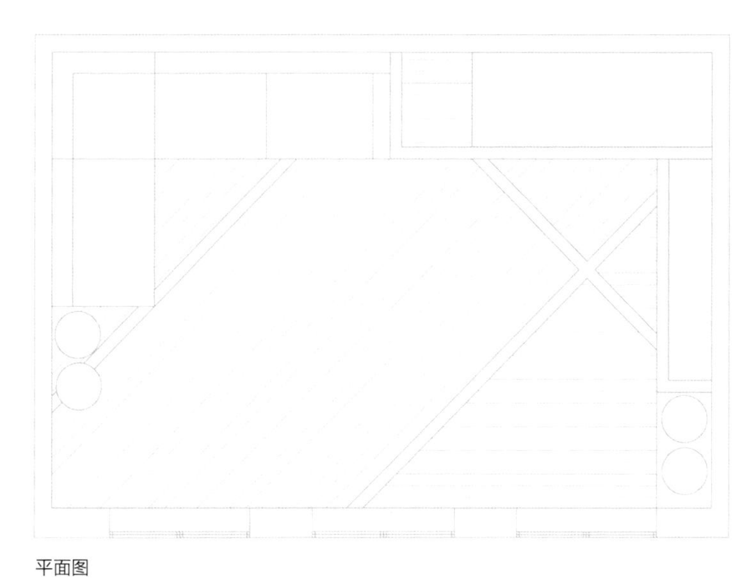

平面图

立面图

# 北库吉庭院

（NORTH COOGEE COURTYARD）

澳大利亚珀斯（西澳大利亚）

**景观设计：**栽培艺术—雅妮娜·芒代尔
**摄影：**©佩塔·诺斯

这栋住宅中有几处风格各异的花园：一座仅用作入口的小花园，没有草坪，为当代海滩风；一片富于禅意的天井，近厨房；一座位于家庭中心的庭院。从地面层的每间屋子内都可以欣赏到中心庭院的美景。那里景致迷人，适宜休闲，设有起居空间、用餐区和烧烤区。茂密的植被和潺潺水声让人备感放松，同时可细细品味自然。

庭院四周都安装了玻璃，这意味着整栋住宅可以随时打开，让户外与室内联结，融为一片空间。

不同材料的质感对比明显，与郁郁葱葱的植被一起，令这片空间显得生机盎然。

朝向邻家一面的立面示意图

正面立面图

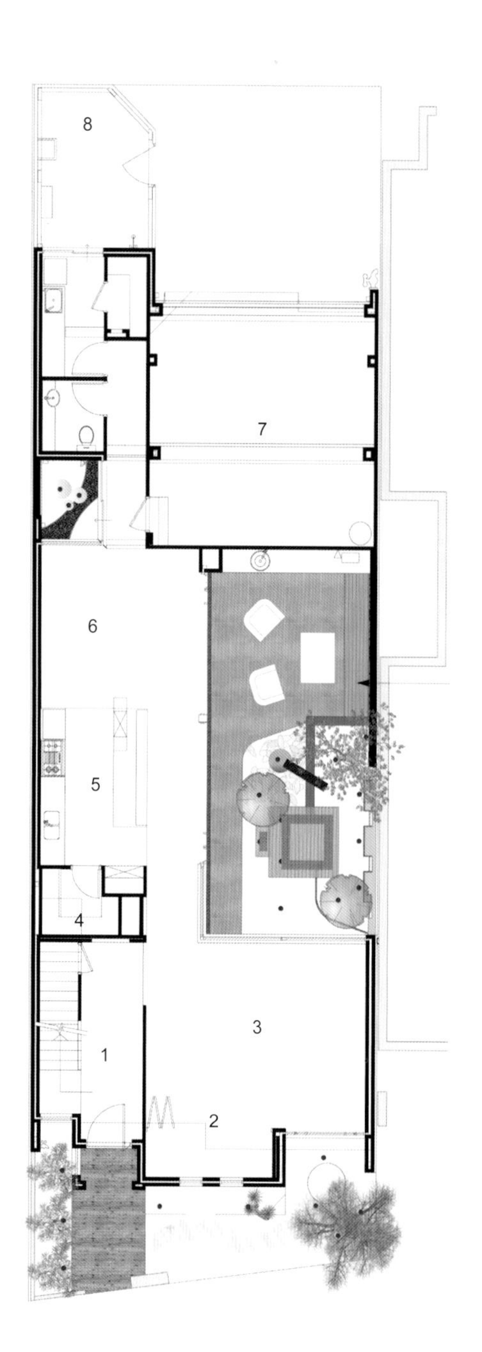

下层植物

树木布局图

1. 入口
2. 读书角
3. 起居室
4. 洗碗间
5. 厨房
6. 餐厅
7. 车库
8. 晾晒院落

木甲板为庭院营造出轻松的氛围，与墙体和路面的石材形成有趣的颜色对比，也增添了一丝暖意。

# 熨斗区露台

（FLATIRON TERRACE）

美国纽约

**建筑设计：**安德鲁 · 威尔金森建筑事务所
**景观设计：**Holly、Wood + Vine
**结构工程：**默里工程
**摄影：** © 加勒特 · 罗兰

这片露台位于十一层，材料质朴，家具、结构和地面铺设主要采用了重蚁木和水泥。格子架、长凳、景观元素、设备齐全的厨房以及适宜夏天使用的露天淋浴和喷雾装置，彰显了该区域实用和舒适的特色。这片区域用于休闲娱乐，因此还安装了完备的视听系统，甚至设有一块用于投影电影和直播赛事的幕墙。建筑设计与景观设计密切配合，效果自然不同凡响。

精心打造的照明系统也让这片露台空间适宜夜晚使用，灯光让结构和建筑引人注目，形成一片私密的魔法空间。

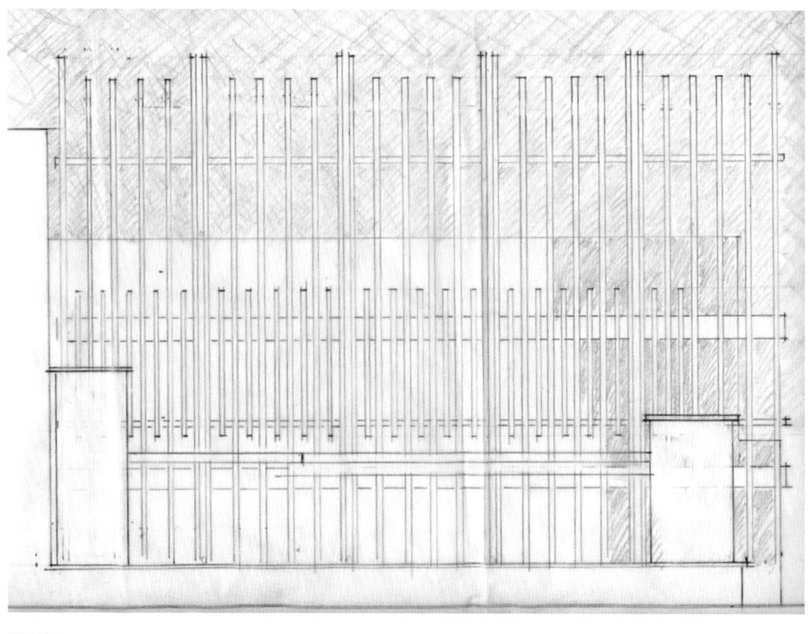

立面图

近两米高的玻璃护栏带来安全感，也能挡风，却不会遮住外部的美妙景致。

# 惬意闲居

（A RELAXING RETREAT）

西班牙马德里阿兰胡埃斯

**景观设计：**景观设计家——有灵魂的花园

**摄影：**© 莫妮克 · 布里奥内斯

这座花园风格独特，一些亚洲及热带特色融于其中，且易于维护。它是为一对没有孩子的夫妻设计的，两人希望在夜晚和周末享用这座花园。该设计在每个角落都安排了不同的休闲娱乐选项。这是一片名副其实的绿洲，可以唤醒人的全部感官，园中有巧妙的结构和材料设计，设计师特意使用了一些软质材料，还有精挑细选的抢眼植物。园中栽有各式香花、香草，李树和草莓，甚至还有潺潺的水声。

置放棚架是为了撑起一块由帆布制成的遮篷，为夏日带来阴凉，并在夜晚提供遮蔽。两处水池为空间增添个性，可以欣赏到色彩斑斓的游鱼。

平面图

在园中独特的一隅，我们发现了一口用红杉木打制的日式浴缸，它散发着淡淡的香气，令人身心宁静。

# NISHIMIKUNI住宅

（HOUSE IN NISHIMIKUNI）

日本大阪

**建筑设计：** arbol设计事务所
**景观设计：** 荻野寿也景观设计（Toshiya Ogino Landscape design）
**摄影：** © Yasunori Shimomura

该项目开启时最关心两个方面：如何保证住宅的私密性，如何使用户外空间。这栋住宅是为一对退休夫妻设计的，每层体现不同风格，隔断区域较少，宽阔的敞开式空间较多，也没有太多花哨的元素，这一切都让采光最大化。最初有两个需要考虑的问题：路人可以窥见多少室内空间，户主可以欣赏多少室外景致。最终，设计采用了在房屋四周修建围墙的解决方案来保护户主的隐私。

一座S形的花园穿梭于住宅中，室内任何一处皆可欣赏园中景致，让人产生行走于森林中的错觉。

大量使用杉木，加之室内室外的小片绿色，凸显了空间感和开放感，让人感觉置身于大自然的怀抱中。

鉴于巧妙的空间组合，户主可以欣赏室内绿色植物与蓝色天空相互映衬。

南立面图

东立面图

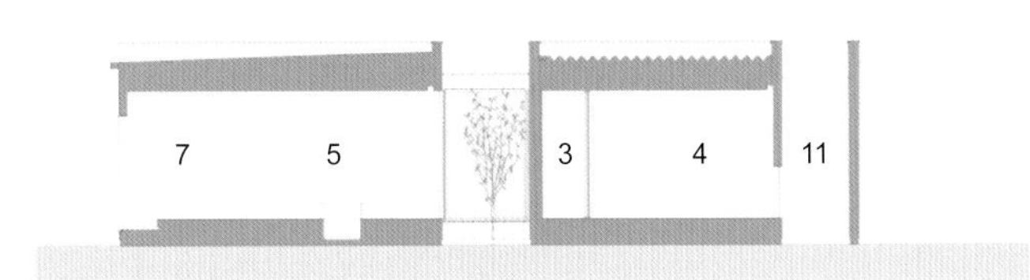


剖面图A

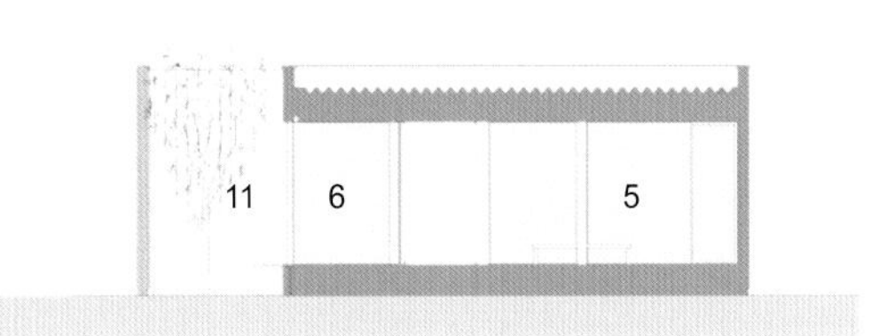


剖面图B

平面图

1. 停车场
2. 入口
3. 储物室
4. 卧室
5. 起居 / 用餐区
6. 榻榻米
7. 厨房
8. 卫生间
9. 盥洗室
10. 浴室
11. 花园

# 圣约翰伍德花园

## （ST.JOHN'S WOOD GARDEN）

英国圣约翰伍德

**景观设计：**罗伯托・席尔瓦景观和花园设计
**摄影：**©罗伯托・席尔瓦

重新设计这座花园是为了满足新户主的需求。花园分布于两层之上：第一片区域位于一层靠近房屋处，铺设有白色石头，为主人招待朋友和客户而准备；第二片区域带草坪，栽有灌木和树木，设计成了由一座门分开的两片区域。第一片区域有一条小径，尽头设有座椅，户主可以在进行私人谈话的同时欣赏景致。第二片区域保留了原有鸟舍，并将此作为焦点，空气中弥漫着金银花甜甜的香味。

第一层的花园中留出了一片大空地，左侧摆了乒乓球桌，右侧是天气暖和时用于户外就餐的玻璃桌。

平面图

# 诺埃谷之二

（NOE VALLEY II）

美国加利福尼亚州旧金山

**建筑设计：** 费尔德曼建筑事务所
**景观设计：** 艺术地景观设计事务所（Arterra Landscape Architects）
**摄影：** © 保罗 · 戴尔（Paul Dyer）

这栋住宅的翻新设计将大面积露天户外空间与私密的个性化室内空间连接在一起。家、天空和大地形成完美的联系，这是建筑师与景观设计师通力合作的结果。该设计利用不同层的所有露台打造了独特的景观。低层的烤火盘和水疗浴池是花园的焦点。由于使用了同质材料，笔直的建筑线条显得更加柔和，更好地融入了周边环境。

一系列甲板呈阶梯状铺往院落，形成一片分层的户外起居空间，走入下面的庭院和花园非常轻松。

集装箱承担双重功能——既是建筑表面，
也是栽种区。

# 墙内花园

## （WALLED GARDEN）

英国伦敦海格特

**景观设计：**彼得 · 里德景观设计

**摄影：** © 彼得 · 里德

翻修后，这座乔治王朝风格的住宅被划分为三片区域，其中两片区域从室内就可以望见。第一片区域铺设了砾石，栽了两棵不同大小的拉马克唐棣，设有面朝房屋的长凳。第二片区域位于较高层，有水池和矩形花圃，是花园的心脏地带。第三片区域大量栽种开花植物和果树，是休闲、享受花园和水池周边常绿植物的好地方。

每片区域各有特色，而所用的材料和植物却能够让它们完美地融合在一起。

新的设计引导观者走到户外，激发其沿着小径、不同层区域和园内焦点探索花园的兴趣。

一年四季皆可欣赏的茂密花圃植物、混合栽种造型黄杨、迷迭香、草坪和常绿植物，让这片区域规整的景观布局显得柔和。

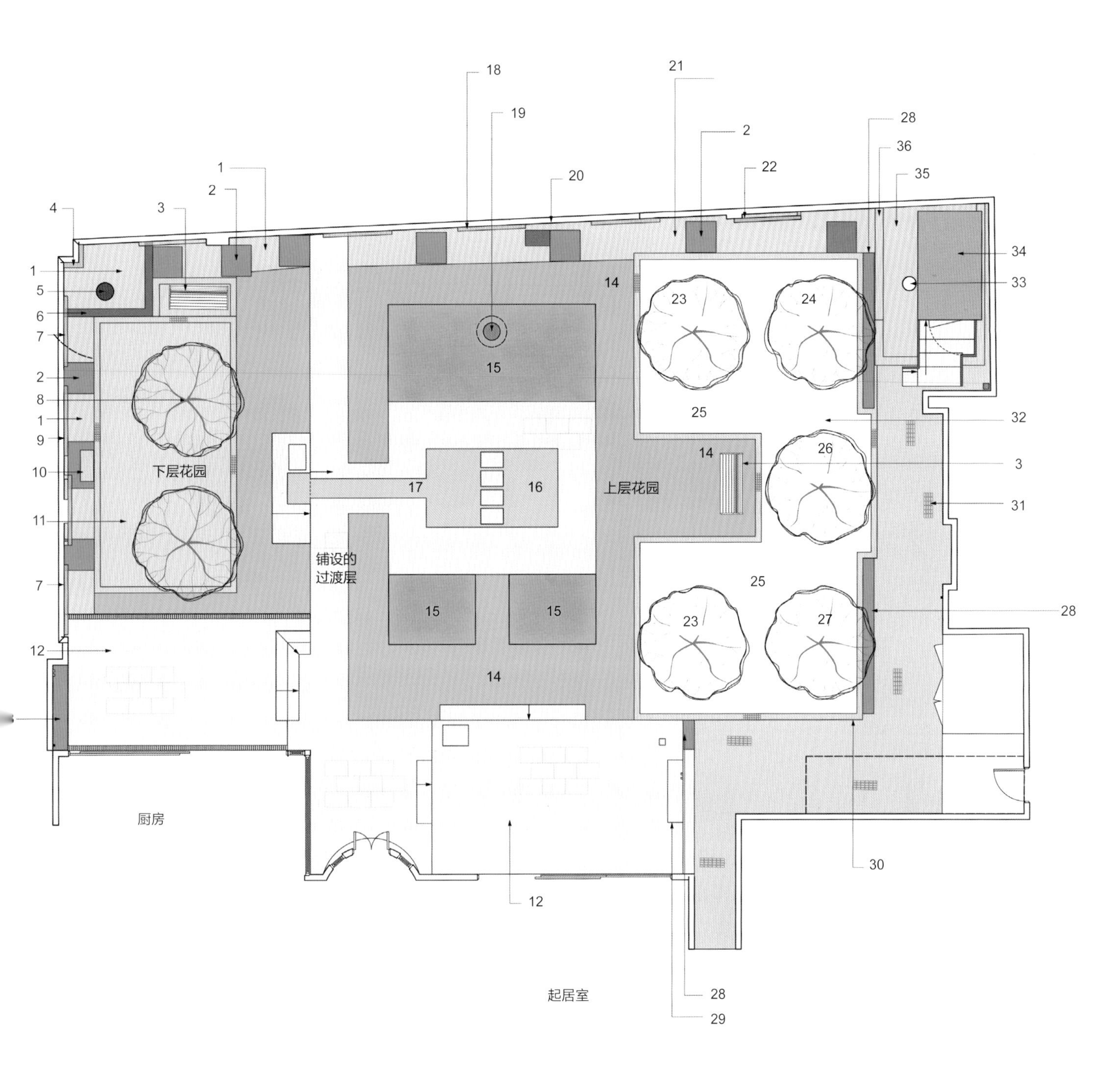


平面图

1. 混栽的耐阴蕨类和多年生植物
2. 造型黄杨
3. 木制长凳
4. 爬满常春藤属植物的方格子架 x 2
5. 大樱花树
6. 保护樱树根的栎树梁挡土墙
7. 爬满藤绣球的方格子架
8. 多干式拉马克唐棣 x 2
9. 爬满络石的方格子架
10. 人像水景，周边植黄杨
11. 边缘饰有卵石的CEDEC牌的砾石表面
12. 地面铺设过的露台
13. 低矮黄杨树篱
14. 草坪
15. 花圃：黄杨球、多年生草本和灌木
16. 水池和踏脚石
17. 带金属板瀑布出水口的细沟
18. 爬满络石和铁线莲的方格子架 x 3
19. 客户自己的浑天仪日晷
20. 砖墙暴露部分
21. 栽种常绿地被植物、小型灌木和开花多年生植物的花圃
22. 爬满紫葛葡萄/毛葡萄方格子架
23. “高峰”海棠
24. “布拉姆利”苹果
25. 野花草坪
26. “维多利亚”樱
27. “詹姆斯 · 格里夫”苹果
28. 树篱屏风
29. 原有石座
30. 野花草坪带的卵石装饰
31. 嵌有卵石的地面装饰
32. 下层铺有野花草坪、栽种驯化球根品种的果树，四周铺有卵石
33. 树冠凸出的刺槐
34. 经防火处理的储物木棚
35. 栽有蕨类、大戟和老鹳草的花台
36. 存放刺槐根球团的混凝土块和抹灰挡土墙

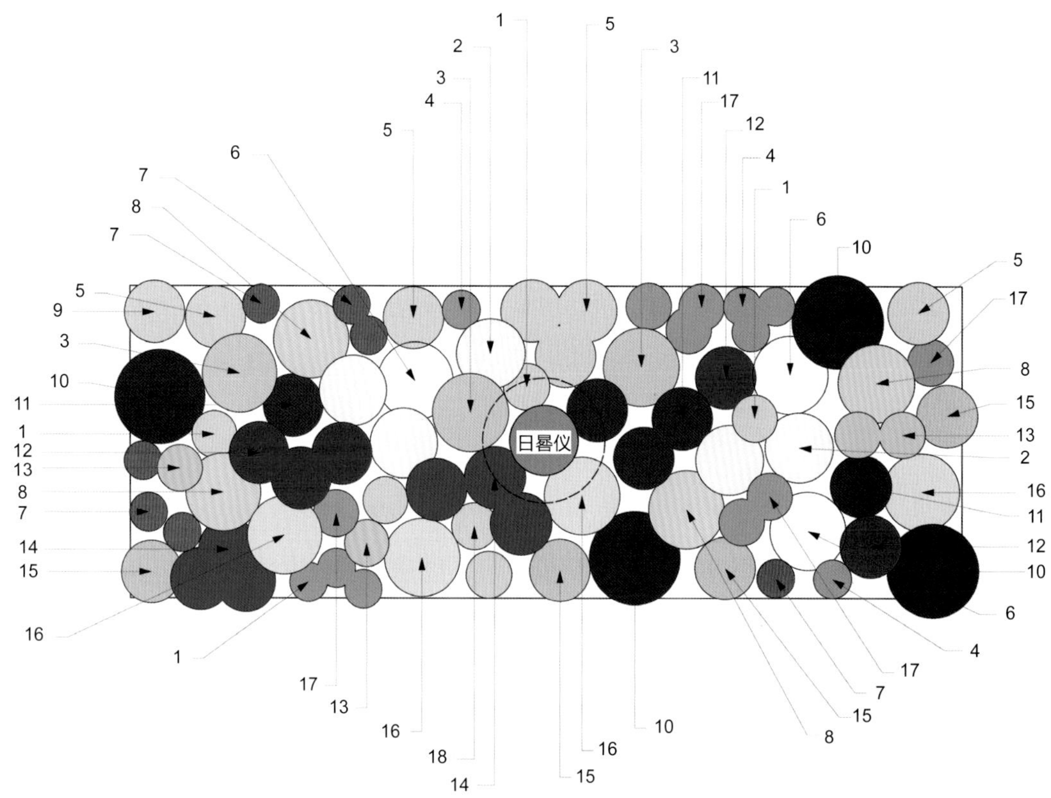


水池后的主种植圃

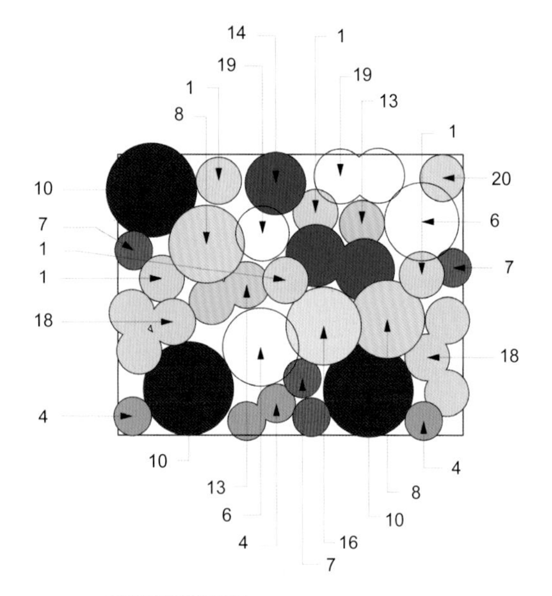

水池前的南种植圃

水池前的北种植圃

1. 柳叶马鞭草
2. 金光菊
3. 迷迭香
4. “蓝色徽章”肺草
5. “奥诺里娜 · 若贝尔” 欧银莲
6. “谢南多厄”黍
7. “莉拉菲”淫羊藿
8. 锦熟黄杨球，冠幅50cm
9. “柔毛”星芹
10. “罗珊”老鹳草
11. “蒙奇”疏花紫菀
12. “去壳红”钓钟柳
13. 锦熟黄杨球，冠幅30cm
14. “五月之夜”华丽鼠尾草
15. 加勒比飞蓬
16. “波伊斯城堡” 蒿
17. “银边”西伯利亚鸢尾
18. 小穗臭草
19. 大花丽白花
20. 柔毛羽衣草
21. 羽脉野扇花

# 布鲁克林联排别墅

（BROOKLYN TOWNHOUSE）

美国纽约布鲁克林

**景观设计：** Gunn景观设计
**摄影：** © 保罗 · 瓦科尔（Paul Warchol）

该设计项目旨在将屋顶露台社交角落里的两小片原始户外空间改造成美丽舒适的花园和用餐区域。该空间将作为现代风室内设计的延伸。这片屋顶露台是户主的都市绿洲，这是一片可用于社交的户外起居空间，设有配备齐全的酒柜。栽满杉木花槽的植物既是隔开喧闹城市与私人空间的绿色屏障，又不会遮住迷人的景致。后面的花园设了一片户外餐区，一条由大石板铺就的小径通往隐蔽的烧烤区，空间的利用方式富于创意。

春日开花的野樱树，夏日绽放的绣球、鸢尾、天竺葵以及混合栽种的喜阴植物让花园看起来郁郁葱葱。

配上灵感来自周边区域的灰色和品蓝色家具与家饰的点缀，令室内到室外的过渡非常自然。

# 愉悦感官

## （SATISFYING THE SENSES）

英国伦敦

**景观设计：**斯特凡诺 · 马里纳兹景观设计
**摄影：**© 罗桑杰拉 · 博尔杰塞（Rosangela Borgese）

应客户要求，这座花园的设计中采用了意式经典元素：冬青栎（Quercus ilex）和造型黄杨。设计这座花园旨在为感官带来美妙体验：美丽的石头喷泉水流声如同音乐，而长在它近旁的素馨花则让夏夜弥漫着清香。草地两侧围着修成形状像架子鼓一般的冬青栎，营造私密氛围。与这种简洁相呼应的还有仅限于绿白两色的植物：一月雪滴花先登场，春日是白色和绿色的绿花郁金香，夏末则是空灵的白色葱属植物、白玫瑰和落新妇。

可与友人们共度愉快夜晚的舒适露台铺设了浅色砂岩，而挨着喷泉的长凳同样采用了这一材料。

透视图

# 不同空间类型

## 分类案例

### 作为冥想空间的花园

模仿自然景观的花园，源自人们长期以来对大自然的近距离观察和持久的热爱。几个世纪以来，设计花园、打造有益身心健康的冥想空间的方式一直在发展演变，并从经典设计中汲取灵感。

© 戴迪·冯·席文（Deidi von Schaewen）

如果花园没有采用规则的几何式布局，打破对称往往会是不错的选择。

© 蒙特西 · 加里加（Montse Garriga）

花园边缘尽量不要混合或集中栽种鲜艳的开花植物。

———

如果成片栽种少量品种植物，且布局单调，小径或隐蔽区域就会显得乏味。

© 拉德沙尔（Raderschall）

选择银鼠尾草、毛蕊花、蕨类、艾蒿、鸡冠花等手感较好的植物，就可以享受触摸植物的快乐。

© 乔恩 · 布希耶（Jon Bouchier）

花园中选栽一年有几次花期的植物。

© 乔恩 · 布希耶

使用当地石材设计修建岩石园，在土堆或斜坡上栽种喜阳植物看起来很不错。

© 安德烈亚斯 · 冯 · 艾恩西德尔

了解植物的花期和叶片类型十分有必要，这样才清楚它们的最佳观赏期是什么时候。

©安德烈娅 · 科克伦（Andrea Cochran）

曲线让小花园看起来比实际面积更大。

© 戴迪·冯·席文

叶片茂密的植物和常绿灌木一年到头都十分迷人。

© 拉德沙尔

# 作为休闲空间的花园

天气好的时候，我们在户外的时间更长，露台上或花园里用作休闲餐厅的应季小角落再好不过了。园中的秋千、沙坑、跷跷板、儿童玩耍区和泳池等为孩子和大人提供了丰富多彩的活动选择。

© 欧金尼·庞斯（Eugeni Pons）

如果希望露台主要用于享受日光浴、放松身心，那么只摆放沙发和咖啡桌足矣。

©蒂姆·施特雷特-波特（Tim Street-Porter）

让起居区域保持简洁，这样看起来会比较宽敞。

©琼·罗伊格（Joan Roig）

请勿在有人通行的区域栽种带刺或有毒的植物。

© 亨利·威尔逊（Henry Wilson）

别在小空间里塞大桌子。使用折叠床或折叠桌，可令来客备感便捷。

© 蒙特西·加里加

有鱼类、植物、乌龟和鸭子的水池或喷泉，对孩子来说吸引力十足。

———

©安德鲁·特沃特（Andrew Twort）

将玩耍区域设在室内可以看见的位置。

———

©莎妮娅·谢吉迪恩（Shania Shegedyn）

在地板上安装一片平台，设一两级台阶。这种休闲区成人和孩子皆可享受。



选择容易挪动的轻质材料家具，这样可以将其轻松搬到任何有需要的地方。

别在儿童玩耍区栽种玫瑰、黑莓或仙人掌。

© 蒙特西 · 加里加

悬挂吊床用于休憩。你可以把它吊在两棵树之间，夏日享受阴凉。

©阿尔贝托 · 布尔克哈特（Alberto Burckhardt）、贝亚特里斯 · 桑托 · 多明戈（Beatriz Santo Domingo）

给椅子配上坐垫会更舒服。如果家里来的客人多，椅子不够，厚厚的大垫子也能派上用场。

## 岩石园和冬季花园

冬季花园一般依靠玻璃实现光照最大化，让人在寒冷的季节也能享受绿意，让我们在高于室外温度的环境里栽种植物。杜鹃、针叶植物、常春藤和金银花都比较适合这种花园。

© 莎妮娅·谢吉迪恩

如果你追求空间连续感，可以使用在材质、形状和色彩上与室内相匹配的材料。

© 迈克尔·莫兰（Michael Moran）

如果身处寒冷气候带或夏季较短的地方，可以考虑建冬季花园。

©大卫·弗鲁托斯（David Frutós）

利用冬季花园的植物色彩增添自然之美。

©阿尔贝托·费雷罗（Alberto Ferrero）

在寒冷的时节，许多树木都会失去绿叶，灌木也只剩下光秃秃的枝干，园中播种冬性植物可以增添一份美丽，让人舒缓身心。

©詹尼·巴索（Gianni Basso）/ *Vega*杂志

院中可以利用的角落一个也不要放过。

© 彼得·梅埃林（Peter Mealin）、雅各布·特曼森（Jacob Termansen）

充分利用色谱上不同的绿色，冬日可使用黄色到青灰和青绿等一系列色彩。

©约翰·刘易斯·马歇尔（John Lewis Marshall）

明艳、优雅而顽强的蕨类也是冬季花园中不错的选择，有少许光照、环境足够湿润，它们就能生长。

———

©迈克尔·海因里希（Michael Heinrich）

凛冬将至，需为不同品种做好御寒准备，让它们积蓄能量，待到开春时绽放不同的色彩。

———

©约万·霍瓦特（Jovan Horvath）

# 喷泉和水池

喷泉和水池这类花园要素可以营造宁静氛围，带来声音和视觉的享受，甚至可以为野生动物和植物提供生命的源泉。生态池塘与传统园林池塘不同，它们采用新的生态系统，无需化学物质就能制氧。

© 伦尼 · 普罗沃（Lenny Provo）

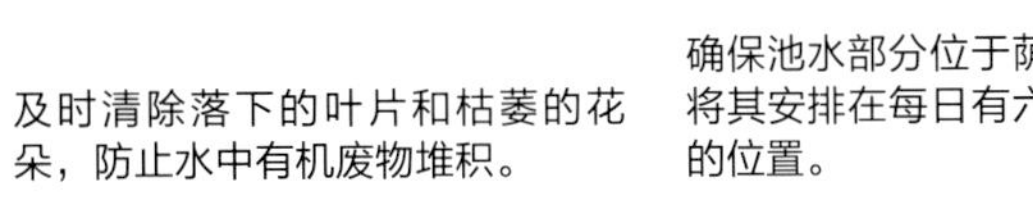

及时清除落下的叶片和枯萎的花朵，防止水中有机废物堆积。

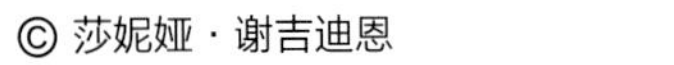

© 莎妮娅·谢吉迪恩

确保池水部分位于荫蔽区域，最好将其安排在每日有六七个小时荫蔽的位置。

© DARDELET

设置瀑布、喷泉或水泵，产生动态水流，提供氧气。

© 乌恩丁 · 普洛尔（Undine Pröhl）

树木的绿荫大有用途，但需留意是否为落叶树种，飘落的枯叶会污染水体。

© 拉德沙尔

将水体安排在避风的阴凉处，如安静的休憩区旁。

© 乔治 · 巴罗尼（Giorgi Baroni）

修建水池时，先查天气预报，确保几天之内没有降雨，以免灌水。

© 本尼·詹（Benny Chan）/ 贝尔兹伯格建筑事务所（Belzberg Architects）

若某些水生植物易大量繁殖，应随时留意其生长状况。

© 达伊奇 · 阿诺（Daici Ano）

如果水池较大，应设排水孔，每隔两三年放干一次水池。

© 盖伊 · 温伯恩（Guy Wenborne）

若发现水池水位因蒸发和植物消耗而下降，可用软管补水进去。

© 盖伊 · 奥比基恩（Guy Obijn）

栽种制氧植物，它们能够吸收有机物分解产生的矿物质以及鱼类产生的二氧化碳，在水中转化并释放氧气。

© 盖伊 · 奥比基恩

水池修好之后，将水生植物、喷泉设备、石头等元素分散置入其中。

© 格洛普·德尔塔建筑事务所（Groep Delta Architectur）

用棍子挑开水藻时，注意不要伤及其他植物和鱼类。

© 莎妮娅·谢吉迪恩

如果在水池中养鱼，除了炎热的夏季和寒冷的冬天，其他时间都可以放入鱼苗。

© 马丁 · 埃伯利（Martin Eberle）

# 室内花园

室内花园和庭院并非家家都有，但同样是美妙的设计。这些空间是房屋的肺，它们位于房屋的中心，被其他房间围绕，得到了最大化的通风和采光。

© 迈克 · 奥斯本（Mike Osborne）

选择合适的植物。蕨类就是很好的选择，它们枝干茂密，可栽种在悬挂的容器中，将地面空间留给更小的植物。

———

©卢德尔·莱戈雷塔（Lourdes Legorreta）

室内花园能让人产生好心情。

©保罗·乌提姆佩格尔（Paolo Utimpergher）

有些大叶片植物适合在室内栽种，如大叶榕。

© Nacasá & Partners

在室内花园中摆上大石头，家中就可以实现原始森林的效果。

© 莎妮娅·谢吉迪恩

每种植物都需要一片能够获取光照、水分、空气、营养且温度适宜的自由生长空间。尽可能照顾到所有植物的需求，荫蔽处可栽种无需太多光照的植物品种。

若想衬托植物的绿色，可在植物基质或区域边缘铺一些白色石子。

© Kei Sugino

在室内划出一片适宜养护少量植物的空间。有些家庭会在住宅中央设置一片开放区域种植少量植物，促进空气循环。

© 蒂姆·埃文-库克（Tim Evan-Cook）

如果你有一片室内花园，可以打造一片生长着常绿植物、布有石块和光滑石板的私人绿洲，让住宅空间充满禅意。

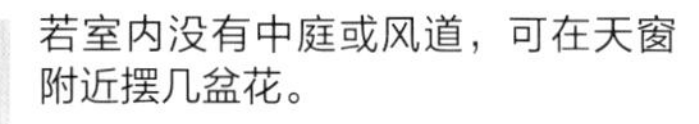
若室内没有中庭或风道，可在天窗附近摆几盆花。

© 亨利 · 威尔逊

若想省去搬运植物的麻烦，就将其摆放在确定不会挪动的地方。

©迈克尔 · 弗里曼（Michael Freeman）

使用矮桌和木凳搭建的多层组合结构来摆放植物。如果有向下生长的植物，可将花盆悬在屋顶上。

# 户外家具

家具在户外遭受日晒雨淋，即使表面经过处理、户外专用的家具也躲不过侵蚀。目前常见的做法是采用维护成本较低的材料和户外休闲家具。柚木、柳条和石材都是不错的选择。潮气是户外家具遭到侵蚀的主要原因之一。

© KETTAL

热带木材耐腐蚀，每隔两年用浸润亚麻籽油的布擦拭养护即可。

———

选择户外家具时，别忘了家具设计应与所处环境保持风格一致。

选择家具时，请考虑所选材料日常养护所需时间是否合适。

有必要选择可对抗恶劣气候条件的耐久性家具。

© 乌恩丁 · 普洛尔

由自然纤维制成的家具需置于屋顶之下，绝不能留在户外放任不管。

© 莎妮娅 · 谢吉迪恩

# 书籍推荐

## 小园闲憩
### ——家庭庭院露台设计与建造

**定　价：**59.90 元

**内容简介：**露台会帮助我们打破室内空间所带来的局限，远离需要在室内遵循的条条框框，让我们更放松、更爱笑，流露出无拘无束的生活态度。别再躲在室内，是时候在院子中打造自己喜欢的露台了。本书将引导大家按步骤完成露台设计、规划和建筑流程。现在，动手让你的露台美梦成真吧！

## 雅舍清池
### ——家庭庭院池塘设计与打造

**定　价：**59.90 元

**内容提要：**如果你幻想在自家院子里有一汪小池塘，不论是以水缸为基础的迷你水池，还是带有喷泉的水景，甚至是可以吸引野生动物的大池塘，现在是时候实现你的梦想了！这本书将带你了解在庭院中打造一个池塘的所有流程，从选择工具、材料到设计和修建，以及如何种植养护植物、吸引野生动物等。最后你将打造出美丽而独特的池塘庭院，供一家人欣赏。

## 小庭景深
### ——小型家庭庭院风格与建造

**定　价：**59.90 元

**内容提要：**拥有一座小庭院的你是不是渴望有个更大的院子？最好还能栽种各种各样的植物，修建各式景观。不过，即便是小庭院，荒废也实为可惜，不如欣然接受面积小的庭院、发挥创意精心呵护，同样也会令你产生满足感。本书在手，家中的小院子再也不会稀疏寥落，无论大小形状，每座庭院都可以变得生机盎然。